Aus der Klinik für psychische und Nervenkranke der Universität Bonn
(Geh. Rat Westphal)

DAS EHERECHT
DER
GEISTESKRANKEN UND NERVÖSEN

von

PROF. DR. A. H. HÜBNER
OBERARZT DER KLINIK

BONN 1921
A. MARCUS UND E. WEBERS VERLAG
DR. JUR. ALBERT AHN

Einleitung.

Der Zweck der vorliegenden Abhandlung ist ein doppelter.

Einmal will ich unter besonderer Berücksichtigung der Rechtssprechung unserer obersten Gerichte eine kurze zusammenfassende Darstellung der seit Einführung des B.G.B. gewonnenen praktischen Erfahrungen geben. Die Bearbeitung des Einzelfalles soll dem ärztlichen Sachverständigen und dem Juristen dadurch erleichtert werden.

Darüber hinaus schien es mir nützlich, auf gewisse Unstimmigkeiten zwischen Theorie und praktischem Leben hinzuweisen, die Beachtung verdienen, wenn man einmal dazu übergehen sollte, das deutsche Eherecht abzuändern, die aber auch insofern von Bedeutung sind, als sie Versuche darstellen, auf dem Gebiete des Eherechts rechtspsychologische und psychopathologische Tatsachen zu sammeln.

Die Psychologie und Psychopathologie müssen gemeinsam mit der Rechtswissenschaft Tatbestände einerseits, Persönlichkeiten andererseits untersuchen, so naturwissenschaftliche Grundlagen für die Gesetzgebung der Zukunft vorbereiten und die verständnisvolle Anwendung des gültigen Rechts erleichtern. Dazu anzuregen, war meine zweite Absicht. —

I. Verlöbnis[1].

§ 1298. Tritt ein Verlobter von dem Verlöbnisse zurück, so hat er dem anderen Verlobten und dessen Eltern sowie dritten Personen, welche an Stelle der Eltern gehandelt haben, den Schaden zu ersetzen, der daraus entstanden ist, daß sie in Erwartung der Ehe Aufwendungen gemacht haben oder Verbindlichkeiten eingegangen sind. Dem anderen Verlobten hat er auch den Schaden zu ersetzen, den dieser dadurch erleidet, daß er in Erwartung der Ehe sonstige sein Vermögen oder seine Erwerbsstellung berührende Maßnahmen getroffen hat.

Der Schaden ist nur insoweit zu ersetzen, als die Aufwendungen, die Eingehung der Verbindlichkeiten und die sonstigen Maßnahmen den Umständen nach angemessen waren.

Die Ersatzpflicht tritt nicht ein, wenn ein wichtiger Grund für den Rücktritt vorliegt.

§ 1300. Hat eine unbescholtene Verlobte ihrem Verlobten die Beiwohnung gestattet, so kann sie, wenn die Voraussetzungen des § 1298 oder des § 1299 vorliegen, auch wegen des Schadens, der nicht Vermögensschaden ist, eine billige Entschädigung in Geld verlangen.

Der Anspruch ist nicht übertragbar und geht nicht auf die Erben über, es sei denn, daß er durch Vertrag anerkannt oder daß er rechtshängig geworden ist.

Nach § 1298 B.G.B. ist ein Verlobter zu Schadenersatz in bestimmtem Umfange verpflichtet. Die Ersatzpflicht

1) Da es nicht dem Zweck dieses Buches entspricht, auf die prophylaktischen Maßnahmen und die Diskussionen über Eheverbote näher einzugehen, so sei für Interessenten auf folgende Arbeiten hingewiesen: Fehlinger: Eheverbote in Amerika, Arch. für Kr. Anthr. Bd. 39, Vestberg: Upsala medicinska facultets yttrande . . . 1911 Upsala u. Stockholm; Petrèn u. Gadelius Hygiea 1910; Lipa Bey Sexualprobleme 1911; Savage: Insanity and marriage. Journ. of mental science Vol. 57 p. 97; Lucien Graux, Le divorce des aliénés. Paris, 1917; Klamroth (Eherecht in Urugay) „Vestigia terrent", Sexualprobleme 1914; Naecke: Eheverbote. Arch. f. Krim. Anthr. Bd. 22. S. 163; Schüle: Ref. auf der Tagung des D. Vereins f. Psych. 1905. Ref. Allg. Z. f. Psych. 1905.

tritt nicht ein, wenn ein wichtiger Grund für den Rücktritt vorliegt.

Der wichtige Grund kann in der Person des Zurücktretenden oder in der Person des anderen Teiles liegen. Er muß z. Zt. der Rücktrittserklärung bereits vorhanden sein (R.G. 18. 4. 07 IV 459/06). Der Grund muß nach dem Verlöbnis entstanden, oder z. B. bei Krankheit in ihrer bedrohlichen Form dem Zurücktretenden erst später bekannt geworden sein (O.L.G. Braunschweig U. 24. Juni 1910, R. der O.L.G. Bd. 2). —

Für den Psychiater kommen in erster Linie die nervösen und psychischen Erkrankungen in Betracht. In dieser Beziehung besagt R. 18. 4. 07 IV 459/06, daß heilbare Leiden keinen Rücktrittsgrund darstellen, denn sie können durch Behandlung beseitigt werden.

Dauernde Leiden, namentlich dann, wenn sie geeignet sind, die geistige Gemeinschaft zu gefährden, stellen einen wichtigen Grund zum Rücktritt dar.

Am häufigsten pflegen die Neurosen Anlaß zu Schwierigkeiten zu geben. Bei der Hysterie wird man z. B. eine hysterische Lähmung, weil heilbar, nicht als wichtigen Grund ansehen dürfen, wohl aber seit Jahren ständig wiederkehrende Anfälle und namentlich Charakterveränderungen. Wenn ein psychopathischer Charakter, „der das Glück der Ehe bedroht" (O.L.G. Braunschweig l. c.), vorhanden ist, rechtfertigt er den Rücktritt unzweifelhaft. Bei Alkoholismus und Morphinismus (bezügl. des letzteren vergl. den Comm. der Reichsgerichtsräte) wird man namentlich dann die Berechtigung zum Rücktritt anerkennen müssen, wenn durch wiederholte Rückfälle bewiesen ist, daß Dauerheilung kaum zu erwarten ist. Man wird ärztlich auch prüfen müssen, auf welcher Grundlage der Alkoholismus etc. entstanden ist. Degenerative Veranlagung kann die Bedenken des gesunden Verlobten gegen eine Fortsetzung des Verlöbnisses nur vermehren.

Ein beschränkt Geschäftsfähiger (z. B. wegen Geistesschwäche, Trunksucht oder Verschwendung Entmündigter § 114 B.G.B.) bedarf zum Abschluß des Verlöbnisses der Einwilligung seines gesetzlichen Vertreters[1]). Ist ohne die letztere das Verlöbnis zustande ge-

1) Zum Rücktritt vom Verlöbnis nicht (vergl. R.G.E. 8. 1. 1920 Bd. 98 S. 13).

kommen, so kann der gesunde Teil beim Rücktritt des anderen keinen Schadenersatz verlangen.

Tritt ein Verlobter wegen seiner eigenen angeblichen Geistesschwäche vom Verlöbnis grundlos zurück, so entfällt die dadurch begründete Ersatzpflicht nicht dadurch, daß derselbe nachträglich entmündigt wird (Recht 1917 Nr. 1447b).

Aus der grundlosen Auflösung eines Verlöbnisses kann Ersatz von Schaden, der nicht Vermögensschaden ist, nur dann verlangt werden, wenn eine unbescholtene Verlobte ihrem Bräutigam die Beiwohnung [1]) gestattet hat.

Nicht Vermögensschaden kann z. B. aus dem Bekanntwerden eines an die Entlobung sich anschließenden Selbstmordversuchs erwachsen (verminderte Heiratsaussichten).

Reagiert ein Verlobter auf die Entlobung mit hysterischen Symptomen, so können die zur Behebung dieser Reaktion erforderlichen Aufwendungen gemäß § 823 B.G.B. ausgeklagt werden, wenn die grundlose Entlobung als „Ursache" der hysterischen Reaktion angesehen werden muß. Ich habe einen solchen Fall begutachtet, habe mich dabei aber bezüglich des ursächlichen Zusammenhanges äußerst vorsichtig ausgedrückt, weil ich öfters die Erfahrung gemacht habe, daß vor und während der Verlobungszeit grobe pathologische Symptome eines Verlobten von diesem selbst, und namentlich von den Angehörigen verheimlicht werden. Es kommt doch nicht so ganz selten vor, daß Eltern, die mit einer Tochter selbst nicht fertig werden, ihr Kind verheiraten unter Verschweigung ihrer pathologischen Veranlagung.

Die Annahme, daß sich nervöse, namentlich hysterische Krankheitserscheinungen durch die Ehe bessern, ist fast stets unrichtig. Ich habe bisher nur einen Fall gesehen, in dem man das mit einigem Recht behaupten konnte. Es handelte sich um eine 28jährige Hysterica, die ihre Anfälle verlor, als sie regelmäßigen Geschlechtsverkehr hatte. Während des Krieges traten die Anfälle wieder auf. Sie schwanden einige Wochen, nachdem der Mann aus dem Felde zurückgekehrt war und den Geschlechtsverkehr aufgenommen hatte.

1) Der Geschlechtsverkehr kann schon vor der eigentlichen Verlobung stattgefunden haben (R.G. IV 8. 1. 20 Bd. 98 S. 13).

II. Eingehung der Ehe.

Von den Bestimmungen, welche die Eingehung der Ehe regeln, sind für den Psychiater verschiedene von Interesse.

§ 1304 B.G.B. Wer in der Geschäftsfähigkeit beschränkt ist, bedarf zur Eingehung einer Ehe der Einwilligung seines gesetzlichen Vertreters.

Ist der gesetzliche Vertreter ein Vormund, so kann die Einwilligung, wenn sie von ihm verweigert wird, auf Antrag des Mündels durch das Vormundschaftsgericht ersetzt werden.

Das Vormundschaftsgericht hat die Einwilligung zu ersetzen, wenn die Eingehung der Ehe im Interesse des Mündels liegt.

Für unsere Zwecke kommen in erster Linie wegen Geistesschwäche, Trunksucht und Verschwendung Entmündigte in Betracht.

Der Vormund, bezw. das Vormundschaftsgericht sollen die Einwilligung erteilen, wenn die Eingehung der Ehe „im Interesse des Mündels liegt“ (R.O.G. Bd. 26, Jahrg. 1913).

Dies kann z. B. bei manchen haltlosen, aber lenksamen Psychopathen und Imbecillen, ebenso bei manchen Alkoholisten der Fall sein, wenn sie eine energische, ruhige und verständnisvolle Frau bekommen. Eine solche ist unter anderem imstande, den Patienten sozial zu halten.

Ein ruhiger Kranker (Dementia praecox), der jahrzehntelang in einer Privatanstalt verpflegt worden war, wurde mit der Haushälterin seines Bruders verheiratet, damit er in der Freiheit leben konnte. Die 48jährige Frau betrachtete die Ehe als Versorgung, denn der Patient war ziemlich begütert. —

Eine Entscheidung darüber, ob die Ehe im Interesse des Mündels liegt, kann nur nach Prüfung der persönlichen Eigenschaften und sozialen Verhältnisse auch des anderen Teils getroffen werden (Recht. B. 22, Jahrg. 1918).

Das Reichsgericht hat in einem Falle, in dem ein wegen Trunksucht und Geistesschwäche Entmündigter seine Haushälterin und Pflegerin heiraten wollte, dahin entschieden, daß über das Bedenken der erblichen Belastung der Nachkommenschaft hinweggesehen werden könne, wenn bereits uneheliche Nachkommen vorhanden sind und sonstige ganz überwiegende Gründe für die Heirat sprechen, insbesondere Enthaltung von Alkohol und sparsames Leben (Recht Bd. 17 Entsch. des Bayr. O.L.G. vom 2. 4. 13).

Die in dieser Entscheidung erwähnte Furcht vor belasteter Nachkommenschaft wird also, dem Wortlaut der Gesetzesbestimmung entsprechend, weniger hoch eingeschätzt, als die Bedeutung des anderen Verlobten für das Befinden und die soziale Lebensführung des beschränkt Geschäftsfähigen. —

Sowohl vom juristischen wie vom ärztlichen Standpunkte aus muß man sagen, daß Eheschließungen, wenn ein oder — was nicht selten vorkommt — beide Verlobte schwer pathologisch sind, besser unterbleiben. Denn, wenn das Experiment auch, wie ich schon oben gesagt habe, gelegentlich gut ausgehen kann, so sprechen doch häufiger gewichtige Gründe dagegen. Ich habe z. B. schon mehrfach gesehen, daß der kranke Teil pekuniär ausgebeutet worden ist (schwachsinnige Frauen!). Oder die anfangs heiße Liebe schlug in ebenso große Abneigung um (unbeständige Hysterische, Alkoholisten mit Neigung zu Brutalitäten und sexuellen Ausschweifungen, sexuell Perverse, frigid Veranlagte, Hypochonder). Schließlich ist auch die Erzeugung einer höchst wahrscheinlich pathologischen Nachkommenschaft bedenklich. Eine solche aber ist fast mit Sicherheit zu erwarten, wenn beide Teile pathologisch sind.

Wenn der Verlobte entmündigt ist, kann die Schließung der Ehe durch Mitteilung dieser Tatsache an das zuständige Standesamt und Versagung der Zustimmung zur Eheschließung durch den Vormund verhindert werden. Denn nach § 48 des „Gesetzes über die Beurkundung des Personenstandes und die Eheschließung“ hat der Standesbeamte „die Eheschließung abzulehnen“, wenn „Ehehindernisse zu seiner Kenntnis kommen“.

Schwieriger liegen die Verhältnisse, wenn zwar beschränkte Geschäftsfähigkeit vorliegt, aber eine Entmündigung noch nicht erfolgt ist. Ich habe in solchen Fällen 1. Mitteilung an den Standesbeamten und 2. sofortige Einleitung der Entmündigung empfohlen. Wird letztere abgelehnt, dann ist die Eheschließung nicht zu verhindern.

An einschlägigen Fällen habe ich z. B. beraten oder

begutachtet: 1. einen Cyclothymen (Mutter wegen man. depr. Irreseins in der Anstalt), der eine imbecille, dabei trunksüchtige Kellnerin heiraten wollte. Die Ehe kam gegen den Willen der Angehörigen zustande, weil die Entmündigung abgelehnt wurde.

2. Ein Mann mit multipler Sklerose, der wegen psychischer Störungen entmündigt war, wollte eine Hysterica heiraten. Der Vormund verweigerte die Einwilligung. Das Vormundschaftsgericht stellte sich auf den gleichen Standpunkt.

3. Ein Arzt wollte ein imbecilles entmündigtes Mädchen heiraten, die sehr reich war. Der Vormund verweigerte die Zustimmung. Der Arzt floh nun mit dem Mädchen nach England, heiratete und schwängerte sie. Deshalb nachträgliche Zustimmung des Vormundes. Später Scheidung gemäß § 1568 B.G.B., weil der Arzt die Frau pekuniär ausbeutete, und sich um sie nicht kümmerte.

4. Ein mäßig schwachsinniger, schwer psychopathischer Mann will ein Mädchen heiraten, die ihn nur seines großen Vermögens wegen nimmt. Der Vater als Vormund widerspricht. Die Verlobten fliehen nach England und heiraten dort. Da ein Kind erwartet wird, erteilt der Vormund nachträglich die Genehmigung. Die Ehe besteht heute noch und ist von gutem Einfluß auf den kranken Teil. Die Entmündigung ist inzwischen aufgehoben worden.

Man sieht aus den vorstehenden Beispielen, daß die Fälle, in denen die Eheschließung verhindert werden kann, in der Minderzahl sind. Diese Tatsache korrespondiert mit der Erfahrung, daß Verlobte, die man restlos über das Leiden des anderen Teils aufklärt, trotzdem die Ehe eingehen. Ich habe z. B. vor einiger Zeit einem Bräutigam ausführlich auseinandergesetzt, daß seine Verlobte an multipler Sklerose leide, Blasenstörungen habe, und bald ganz gelähmt sein würde. Er hat sie trotzdem geheiratet. —

Anhangsweise ist zu dem Kapitel „Eingehung der Ehe“ noch folgendes hinzuzufügen:

Bis zur Vollendung des inundzwanzigsten Jahres bedarf ein eheliches Kind der Zustimmung des Vaters, ein uneheliches der Einwilligung der Mutter (§ 1305). „Die elterliche Einwilligung kann nicht durch einen Vertreter erteilt werden. Ist der Vater oder die Mutter in der Geschäftsfähigkeit beschränkt, so ist die Zustimmung des gesetzlichen Vertreters nicht erforderlich" (§ 1307). —

Besonders möchte ich noch auf eine Gruppe von Entmündigten hinweisen, die die Aufhebung ihrer Entmündigung lediglich deshalb betreiben, weil sie nach Wiederbemündigung eine von den Eltern oder dem Vormund nicht gebilligte Ehe eingehen wollen. Ich habe z. B. einen Imbecillen begutachtet, der drei Jahre hintereinander den Antrag auf Wiederaufhebung der Entmündigung wegen Schwängerung der jeweiligen Braut stellte. Da die Voraussetzungen der Entmündigung fortbestanden, wurde sein Antrag jedesmal abgelehnt.

Daß man derartige Fälle besonders genau prüfen muß, bedarf keiner besonderen Begründung.

III. Nichtigkeit der Ehe.

§ 1325. Eine Ehe ist nichtig, wenn einer der Ehegatten zur Zeit der Eheschließung geschäftsunfähig war oder sich im Zustande der Bewußtlosigkeit oder vorübergehender Störung der Geistestätigkeit befand.

Die Ehe ist als von Anfang an gültig anzusehen, wenn der Ehegatte sie nach dem Wegfalle der Geschäftsunfähigkeit, der Bewußtlosigkeit oder der Störung der Geistestätigkeit bestätigt, bevor sie für nichtig erklärt oder aufgelöst worden ist. Die Bestätigung bedarf nicht der für die Eheschließung vorgeschriebenen Form.

Die Fassung dieser Bestimmung hat zu Zweifeln Anlaß gegeben, insofern als bei vorübergehender Geistesstörung das Erfordernis der Aufhebung der freien Willensbestimmung im Gesetzestext nicht besonders hervorgehoben ist[1]).

Durch mehrere Reichsgerichtsentscheidungen ist die Unklarheit beseitigt worden:

Die Entstehungsgeschichte der Vorschrift ergibt, daß die Bestimmungen so auszulegen sind, als ob sie lauteten:

---

1) S. auch Bresler: Rechtspraxis der Ehescheidung 1903. Halle, C. Marhold.

Eine Ehe ist nichtig, wenn einer der Ehegatten zur Zeit der Eheschließung geschäftsunfähig war oder sich in einem Zustande der Bewußtlosigkeit oder in einem die freie Willensbestimmung ausschließenden Zustande von vorübergehender Störung der Geistestätigkeit befand" (Recht Bd. 14 Jahrg. 1910 und Entsch. des R.G. im Zivils. Bd. 74). —

Die Nichtigkeit kann nur im Wege der Nichtigkeitsklage geltend gemacht werden (§ 1329), und zwar innerhalb einer Frist von 6 Monaten (§1339). Die Berechtigung zur Klage hat der gesetzliche Vertreter. Hat der letztere die Ehe nicht rechtzeitig angefochten, so kann nach dem Wegfall der Geschäftsunfähigkeit der Ehegatte selbst die Ehe in gleicher Weise anfechten, wie wenn er ohne gesetzlichen Vertreter gewesen wäre (§ 1340).

Meine eigenen Erfahrungen zu diesem Kapitel erstrecken sich auf folgende Fälle:

1. Ein wegen Geisteskrankheit Entmündigter heiratet ein Mädchen, ohne daß der Standesbeamte etwas von der Entmündigung erfährt und ohne Zustimmung des Vormundes. Um nachträglich die Gültigkeit der Ehe zu bewirken, wurde nach Prüfung der Verhältnisse die Entmündigung wegen Geisteskrankheit in eine solche wegen Geistesschwäche umgewandelt und dann vom Vormund die Bestätigung erteilt. —

2. Der 40jährige Ingenieur v. X. hatte mit der Probierdame Y ein mehrere Jahre bestehendes Verhältnis. Im Jahre 1911 zeigten sich bei ihm die ersten Zeichen der Gehirnerweichung. Die Y. pflegte ihn. Er heiratete sie. Infolgedessen gab dieY. ihre Stelle ganz auf und widmete sich in aufopferndsterWeise der Pflege ihres inzwischen mehr und mehr verblödenden und dauernd unsauberen Gatten. v. X. wurde auch entmündigt. Trotz der vielen Arbeit, die die Y. gehabt hatte, wollte der Vormund die Ehe gemäß § 1325 B.G.B. für nichtig erklären lassen, weil die Familie nicht wünschte, daß die ehemalige Probierdame den alten Namen fortführen und das kleine Vermögen erhalten sollte. Mit Rücksicht darauf, daß die Y. eine anständige Frau war und sich bei der Pflege ihres Mannes direkt krank gemacht hatte, gelang es mir, die Familie davon zu überzeugen, daß sie mit einer so späten Anfechtung der Ehe ein Unrecht begehen würde.

Da derartige Eheschließungen im Beginn der Paralyse öfters vorkommen, erwähne ich dieselben besonders. Nichtig bezw. anfechtbar ist eine solche Ehe sicher, denn der

Kranke ist beim Eingehen derselben höchstens beschränkt geschäftsfähig, häufig sogar geschäftsunfähig.

Andererseits steht es außer Zweifel, daß der Patient in dem vorliegenden Falle durch die Heirat den Vorteil hatte, bei sorgfältigster Pflege außerhalb der Anstalt leben zu können.

Die Frau hat sich körperlich und seelisch bei dieser Pflege vollständig aufgeopfert. Das kleine Vermögen, welches sie durch die Eheschließung erhielt, stellte kein vollständiges Äquivalent für den Gesundheitsschaden dar, der ihr aus der Pflege erwachsen war. —

Die sonstigen Gründe, welche die Nichtigkeit einer Ehe bedingen, sind 1. Formwidrigkeit, d. h. die Ehe ist nicht in der in § 1317 vorgeschriebenen Form geschlossen worden (§1324). 2. Doppelehe (§1326), d. h. ein Ehegatte war zur Zeit der Schließung der zweiten Ehe noch rechtsgültig verheiratet [1]. 3. Verwandtschaft, Schwägerschaft, d. h. die Ehe war entgegen dem Verbot des § 1310 B.G.B. zwischen den dort aufgeführten Verwandten und Verschwägerten geschlossen (§ 1327). 4. Ehebruch (§ 1328), d. h. die Ehe ist zwischen zwei Menschen geschlossen, deren ehebrecherisches Verhalten Anlaß zur Scheidung einer früheren Ehe gegeben hat.

IV. Anfechtung der Ehe.

a) Wegen beschränkter Geschäftsfähigkeit.

§ 1331. Eine Ehe kann von dem Ehegatten angefochten werden, der zur Zeit der Eheschließung oder im Falle des § 1325 zur Zeit der Bestätigung in der Geschäftsfähigkeit beschränkt war, wenn die Eheschließung oder die Bestätigung ohne Einwilligung seines gesetzlichen Vertreters erfolgt ist.

Was hierzu zu sagen ist, ist in den vorhergehenden Kapiteln bereits erwähnt.

1) Doppelehe (§ 171 St.G.B.) bewirkt Nichtigkeit der zweiten Ehe und ist absoluter Scheidungsgrund für die erste Ehe (§1565 B.G.B.).

b) Wegen Irrtums.

§ 1333. Eine Ehe kann von dem Ehegatten angefochten werden, der sich bei der Eheschließung in der Person des anderen Ehegatten oder über solche persönliche Eigenschaften des anderen Ehegatten geirrt hat, die ihn bei Kenntnis der Sachlage und bei verständiger Würdigung des Wesens der Ehe von der Eingehung der Ehe abgehalten haben würden.

Praktisch zusammengehörig sind vom Standpunkte des Psychiaters die §§ 1333, 1568, 1569. In Fällen zweifelhaften Geisteszustandes kommt es meistenteils darauf hinaus, daß die Ehe entweder wegen Irrtums angefochten oder der Versuch gemacht wird, sie wegen ehewidrigen Verhaltens bzw. wegen Geisteskrankheit zur Scheidung zu bringen.

Schon F. Leppmann[1]) hat unter Hinweis auf die chronischen Trinker ausgeführt, daß unsere Gesetzgebung jenen Fällen nicht Rechnung trage, in denen eine Anfechtung nicht möglich sei, die Voraussetzungen für die Scheidung gemäß § 1568 wegen mangelnder Schuld fehlten und die Bedingungen des § 1569 auch nicht anwendbar seien. (Meist deshalb nicht, weil die Aussichten auf Wiederherstellung der geistigen Gemeinschaft nicht als geschwunden anzusehen seien.)

Was Leppmann für die Trinker ausgeführt hat, gilt für die Grenzzustände und die periodischen Geistesstörungen gleichfalls. Folgender Fall zeigt das deutlich:

In meiner Arbeit über die manisch-depressive Anlage habe ich unter den „Selbstbewußt-reizbaren" einen Typ geschildert, der gekennzeichnet war durch krankhaftes Selbstbewußtsein, Reizbarkeit, hypomanisches Temperament, vages Plänemachen, Unstetheit der Lebensführung mit Neigung zu großen Geldausgaben und Alkoholexzessen. Für Monate steigerten sich die Erscheinungen zu einer ausgeprägten Hypomanie.

Der Patient heiratete gegen den Willen der beiderseitigen Angehörigen eine Dame der Gesellschaft, nachdem er sie entführt hatte. Schon nach kurzer Ehe vernachlässigte er sie und ließ sie in pekuniärer Bedrängnis, obwohl sie tuberkulös war. Er reiste viel umher, spielte, trank, verbrauchte die beiderseitigen Einkünfte und bezahlte den Lebensunterhalt der Frau nicht, so daß in den Hotels große Schulden entstanden und die Koffer pp. als Pfänder beschlagnahmt wurden. —

1) F. Leppmann. Ärztl. Sachv.-Ztg. 1905, s. auch F. Straßmann Ärztl. Sachv.-Ztg. 1905.

Nach einem Jahr starb die Frau. Wäre dies nicht geschehen, dann wäre die Ehe gewiß über kurz oder lang geschieden worden. Das ergab sich aus den Briefen und persönlichen Mitteilungen der Verstorbenen an ihre Verwandten.

Noch vor Ablauf des Trauerjahres verlobte sich der Patient von neuem. Seine eigene Familie stand nun vor der Frage, ob sie die Braut aufklären sollte oder nicht.

Eine derartige Aufklärung ist eine moralische Pflicht. Der Gesetzgeber setzt sie als selbstverständlich voraus, wie das Reichsgericht wiederholt ausgesprochen hat.

Was hat diese Aufklärung nun aber, wenn die Ehe einmal geschlossen ist, für juristische Folgen?

Eine Anfechtung der Ehe wegen Irrtums ist u. U. nicht mehr möglich.

Die Eigenart der Störung des Patienten läßt es zweifelhaft erscheinen, ob sein Leiden als Geisteskrankheit im Sinne des § 1569 angesehen werden kann, andererseits handelt er — wie die Erfahrung schon in der ersten Ehe gelehrt hat — nicht schuldhaft i. S. des § 1568, wenn er in den hypomanischen Zeiten seine Frau verläßt, ihr Geld verbringt, spielt, Ehebruch treibt usw.

Weder § 1333, noch die Bestimmungen über die Ehescheidung können Anwendung finden. Durch die vom Gesetzgeber verlangte Aufklärung über den Zustand des Verlobten ist bisweilen die letzte Möglichkeit zur Lösung einer solchen dauernd unglücklichen Ehe genommen.

Hier zeigt sich, daß unsere Gesetzgebung, vom medizinischen Standpunkte aus betrachtet, lückenhaft[1]) ist. Solche Fälle beweisen sogar für mein Empfinden, daß es menschlich und ärztlich gedacht unendlich grausam ist, die gesetzlichen Bestimmungen über die Ehescheidung auf dem Prinzip des Verschuldens (Lenel[2]) aufzubauen. (Nur der § 1569 weicht von diesem Grundsatz ab.)

Es ist jedenfalls leichter gesagt als getan, wenn der Gesetzgeber (vergl. E. v. 8. 4. 14. D.J.Z. 1914) verlangt, daß die Eheleute in allen Leibes- und Seelennöten zu gegenseitiger Unterstützung verbunden seien, sofern diese Seelennöte geistige Störungen, wie Trunksucht, schwere Hysterie,

1) S. Erhardt: Neues Ehescheidungsrecht J. Schweitzer (München, Berlin, Leipzig 1919), Juliusberger: Nervöse Menschen im Spiegel des deutschen ‚Ehescheidungsrechts, Berlin 1919. Neubecker, J. W. 1918 S. 172 u. J. W. 1919.

2) Lenel Allg. Zeitschrift f. Psych. Bd. 57.

Cyclothymie, chronische Paranoia und ähnliches darstellen. Ein Vergleich mit körperlichen Krankheiten, der öfters gezogen wird, ist da nicht angezeigt, denn selbst ein Gesichtskrebs, schwere Tuberkulose und andere ansteckende oder entstellende Krankheiten sind nicht so geeignet, eine Entfremdung zwischen den Ehegatten herbeizuführen oder dem gesunden Gatten das Leben so zur Qual zu machen, als das Zusammenleben mit einer lügenhaften und intriguanten Hysterica oder einem brutalen Trinker.

Es erhebt sich die Frage, was soll der Arzt in Fällen, wie dem oben geschilderten und ähnlich liegenden, der Familie raten?

Ich habe empfohlen, durch einen ferner stehenden Bekannten die Mutter der Braut über das Vorleben des Bräutigams aufklären zu lassen. Wenn die Aufklärung zu dem Erfolg führen wird, daß die Verlobung zurückgeht, erledigt sich die ganze Angelegenheit von selbst. Heiratet die Dame den Patienten trotzdem, so ist vielleicht noch die Möglichkeit der nachträglichen Anfechtung der Ehe gegeben, denn nach einer Reichsgerichtsentscheidung vom 19. Januar 1919 (Recht Bd. 18) ist das Anfechtungsrecht der Frau auch dann noch nicht verloren gegangen, wenn sie über das Vorleben des Bräutigams Ungünstiges gehört hat, aber die Richtigkeit der Mitteilung nicht nachprüft, weil sie Vertrauen in die Angaben des Bräutigams selbst setzt (s. im übrigen weiter unten).

Es soll auch selbstverständlich in dem vorliegenden Falle der Versuch gemacht werden, den Bräutigam wegen Geistesschwäche oder Verschwendung zu entmündigen. Eine Möglichkeit, die aber nicht immer gegeben sein wird, wie ich von einem anderen Fall her weiß.

Unter Umständen kommt noch in Betracht, unter vollkommener Ignorierung des pathologischen Charakters der von dem Kranken begangenen ehewidrigen Handlungen gemäß § 1568 die Scheidung zu versuchen. Sobald allerdings von der Gegenseite der Einwurf erhoben wird, daß das Handeln nicht schuldhaft gewesen sei, besteht keine Möglichkeit, die Ehe zu scheiden. Als Arzt wird man sich übrigens zu einer derartigen Umgehung des Gesetzes (um eine solche handelt es sich dabei mitunter) schwer entschließen können. —

Von den im § 1333 B.G.B. vorkommenden Rechtsbegriffen ist durch die Rechtssprechung in erster Linie derjenige des Irrtums mehrfach erörtert worden[1]).

. Zunächst ist festzustellen, daß die Erheblichkeit des Irrtums sich nach dem Zeitpunkt der Eheschließung bemißt, nicht nach späteren Vorgängen (Recht 1912 E. Nr. 1485). Der anfechtende Ehegatte muß seinen Irrtum, also auch die Nichtkenntnis der beanstandeten Eigenschaft des anderen Ehegatten beweisen (Recht 1915). Die sechsmonatige Frist ist auch dann gewahrt, wenn rechtzeitig zunächst nur die Scheidungsklage und im Verlaufe des Prozesses erst die Anfechtungsklage angestrengt wurde.

Aus allen Entscheidungen, welche mir bekannt geworden sind, leuchtet das Bestreben heraus, in weitherziger Weise das Vorliegen eines Irrtums anzunehmen.

Deshalb geht das Anfechtungsrecht durch bloße Unterlassung von Nachforschungen über das Vorleben des anderen Verlobten dann nicht verloren, wenn die Erkundigungen im Vertrauen auf die Angaben des Verlobten unterblieben (Recht 1914). Interessant sind auch die beiden folgenden Entscheidungen:

Selbst wenn eine Ehe in der beiderseitigen Absicht geschlossen wird, der Ehefrau gegen eine Abfindungssumme lediglich den Adelstitel zu verschaffen, eine Ehegemeinschaft aber nicht beabsichtigt und dem Ehemann auch die Eigenschaft seiner Frau als früherer Kokotte bekannt war, kann er doch die Ehe anfechten, wenn sich später herausstellt, daß sie auch erhebliche Straftaten begangen hatte. (Recht 1915 Bd. 19)

Erfährt der Ehemann nach Eheabschluß, daß die Frau wegen Diebstahls vorbestraft war, so kann er die Ehe auch dann noch anfechten, wenn ihm sonstige Lügen bereits vor der Eheschließung offenbar geworden waren (Recht 1914 Bd. 18).

Etwas strenger ist der Standpunkt der beiden folgenden Entscheidungen:

Die Eheanfechtung entfällt mit dem Geständnis, daß der Anfechtende bereits beim Eheabschluß den Anfechtungsgrund argwöhnte (Recht 1912 Bd. 16).

Ein Ehegatte, der Anlaß hat, an der geschlechtlichen Unbescholtenheit des anderen Ehegatten zu zweifeln, dennoch aber die Ehe eingeht, begibt sich des Anfechtungsrechts (Recht 1913 Bd. 17).

Für die uns hier besonders interessierenden nervösen und geistigen Erkrankungen habe ich in

1) Gaupp: § 1333 und die dabei in Betracht kommenden Krankheitszust. Arch. f. d. zivilist. Praxis 1909.

2) Die hier angedeuteten Gründe, welche zum Eheschluß Anlaß gaben, sind mir mehrfach begegnet.

mehreren Gutachten Entscheidungen zu provozieren gesucht und auch erhalten. Folgendes Beispiel läßt den Standpunkt der Gerichte deutlich erkennen.

Ein Mann von 40 Jahren lernte ein 28jähriges Mädchen kennen, mit dem er sich v rlobte.

Während der sieben Monate dauernden Verlobungszeit besuchte er seine Braut etwa 8—10mal. Er erfuhr bei dieser Gelegenheit durch den Vater, daß die Braut erblich belastet war (eine Schwester war wegen Dementia praecox in der Irrenanstalt), und daß sie selbst auch manchmal besondere Eigenschaften darbot. Davon konnte er sich reichlich selbst überzeugen: es kam bei seinen Besuchen fast immer zu Auseinandersetzungen und heftigen Szenen. Trotzdem heiratete er sie, wie er in der Klageschrift ausführte, „mit großen Bedenken".

Am zweiten Tage nach der Ehe prügelte sich das Ehepaar, und vom dritten Tage ab führte er eine reguläre Krankheitsgeschichte über seine Frau. Daß es sich um krankhafte Zustände handelte, wußte er vom Vater. Er wußte auch durch die Mitteilungen anderer Verwandter, daß die Braut seit Jahren unverändert die gleichen Auffälligkeiten dargeboten hatte und daß deshalb bereits eine andere Verlobung zurückgegangen war. Das Einzige, was er nicht wußte, war die Diagnose. Nachdem er sich entschlossen hatte, die Ehe anzufechten, bzw. sich scheiden zu lassen, brachte er die Frau in ein Sanatorium, wo ihm dann die Diagnose Imbezillität gesagt wurde. (In Wirklichkeit handelte es sich um eine Hysterie.)

In meinem Gutachten führte ich aus, daß sich in diesem Falle doch der Ehemann nicht im Irrtum befunden haben könne, denn er kannte alle wesentlichen Eigenschaften der Frau, die ihm in der Ehe Schwierigkeiten bereiteten, und er wußte auch, daß diese Eigenschaften krankhaft waren. Trotzdem entschied das Oberlandesgericht dahin, daß er sich im Irrtum befunden habe, da er die Diagnose nicht gewußt habe.

Ich halte diese Entscheidung für bedenklich, weil die Anfechtbarkeit einer Ehe eine obere Grenze haben muß.

Wir müssen uns darüber klar sein, daß gerade für eine Frau eine Eheanfechtung sehr viel bedeutet, meiner Ansicht nach mindestens ebensoviel, als wenn sie im Ehescheidungsverfahren für allein schuldig erklärt worden wäre, denn sie darf den Namen des Mannes nicht tragen und ihre Ehe gilt rechtlich als nie vorhanden gewesen!

Für mein Empfinden ist nicht die Kenntnis der Diagnose dasjenige, was den Mann bei verständiger Würdigung des Wesens der Ehe abhält, die Ehe einzugehen, sondern die Kenntnis der besonderen Eigenschaften des anderen Teils und ferner die Erkenntnis, daß diese „Eigenschaften" Krankheitssymtome sind, die der Persönlichkeit dauernd anhaften, also nicht heilbar sind.

Die Kenntnis der Symptome allein genügt nicht, wenn der irrende Ehegatte über die Unheilbarkeit nicht informiert ist. Auch das hat ein Oberlandesgericht in einem von mir begutachteten Falle ausgesprochen. —

Mit der Ehe beginnt das Sexualleben seinen Einfluß auf die eheliche Gesinnung auszuüben. Störungen der Geschlechtsfunktionen des einen Teils müssen naturgemäß das Befinden des anderen Teils ungünstig beeinflussen, auch dann, wenn es sich um intellektuell und moralisch sehr hochstehende Menschen handelt. Davon kann man sich in der Praxis allwöchentlich überzeugen.

Es ist deshalb nicht verwunderlich, wenn auch die obersten Gerichte sich mit dem Sexualproblem wiederholt haben beschäftigen müssen. Verhältnismäßig häufig war Gegenstand der Erörterung die männliche Impotenz. Die vorhandenen Entscheidungen sprechen von einer absoluten (d. h. allen weiblichen Personen gegenüber vorhandenen Beischlafsunfähigkeit) und einer relativen (d. h. nur gegenüber der eigenen Frau bestehenden).

Sowohl im letzteren Falle (Recht 1916, Seufferts Arch. Bd. 66 Jahrg. 1911), wie auch bei absoluter Unfähigkeit (Recht 06 S. 938 Nr. 2242) liegt ein Anfechtungsgrund vor, wenn das Leiden ein dauerndes ist (Recht 1916) und nicht etwa durch einen der Ehefrau zuzumutenden ärztlichen Eingriff behoben werden kann (Recht 1916).

Schwierigkeiten bereitet bisweilen die Entscheidung der Frage, wann dauernde Impotenz vorliegt oder nicht.

Bildet die Impotenz und die ihr gleichzustellende geschlechtliche Empfindungslosigkeit (Recht 1912 Bd. 16) ein Symptom eines chronischen organischen Rückenmarksleidens (etwa Rückenmarksschwindsucht) oder einer chronischen Psychose, so ist dauerndes Bestehen derselben anzunehmen.

Anders liegen die Verhältnisse bei der Beischlafsunfähigkeit der Nervösen, Neurotiker etc. Dieselbe läßt sich mitunter leicht heilen oder bessern. Ein Behandlungsversuch ist deshalb in erster Linie anzuraten. Erst wenn eine längere Behandlung bei mehreren in der Neurosenbehandlung erfahrenen Ärzten erfolglos geblieben ist, hat man das Recht, von dauernder Unfähigkeit im Sinne des Gesetzes zu sprechen, weil dann kein bestimmter naher Zeitpunkt angegeben werden kann, zu dem mit der Behebung des Leidens zu rechnen wäre.

Wo Zwangsvorstellungen die Ausübung des Beischlafes verhindern, sind die Aussichten für die Zukunft zweifelhaft, namentlich dann, wenn das Leiden längere Zeit besteht und der Patient nicht mehr jung ist.

Bei dieser Sachlage wird man in allen Fällen, wo es sich nicht um organisch bedingte Impotenz handelt, nach einigen Monaten des Zusammenlebens noch nicht von dauernder Impotenz sprechen können, namentlich dann nicht, wenn sachverständiger Rat nicht eingeholt worden ist (Seuff. Arch. Bd. 66 Jahrg. 1911 und Recht 1910 Bd. 14).

Für die Juristen sei ausdrücklich hinzugefügt, daß ein Lokalbefund bei Männern mit Impotenz kaum jemals zu erheben ist. Dieser Erfahrung trägt eine R.G.E. vom 8. Juli 1915 (Recht 1915) Rechnung.

Die Bedeutung der Impotenz des Mannes für die Ehe liegt darin, daß die Frau einmal durch das Zusammenleben sexuell angeregt wird, ohne Befriedigung zu finden, und daß sie zweitens an ihrem Gatten ein Manko entdeckt. Sie beginnt ihn mit anderen zu vergleichen und löst sich u. U. innerlich, wenn auch mit Widerstreben und ganz allmählich, von ihm los. Stellen sich dann im Laufe der Zeit bei der Frau die sexuellen Empfindungen stärker ein, dann gerät sie zum mindesten in seelische Konflikte[1]), nicht selten kommt es sogar zum Ehebruch. —

Für die Frigidität der Frau gilt aus naheliegenden Gründen nicht ganz das gleiche, wie für die Impotenz des Mannes. Zu Schwierigkeiten kommt es da meist erst, wenn die Frau den Beischlaf „hartnäckig verweigert" (§ 1568), oder wenn infolge der Frigidität eine Entfremdung zwischen den Ehegatten eintritt.

Nicht verfehlen möchte ich, besonders darauf hinzuweisen, daß die Frigidität in einem Teil der Fälle heilbar ist. Ich habe vor einiger Zeit eine seit zehn Jahren verheiratete Hysterica behandelt, bei der das Leiden in wenigen Wochen beseitigt worden ist[2]). —

Der Vaginismus (Scheidenkrampf), übrigens auch ein u. U. beeinflußbares Leiden, „berechtigt den Mann zur Anfechtung der Ehe, selbst wenn die Frau ein Kind geboren hat und ihre Beischlafsunfähigkeit durch die Angst vor dem

1) Gerade darüber habe ich in der Sprechstunde viel klagen hören.
2) D. med. Wochenschr. 1920 Nr. 25.

Beischlaf erst während der Ehe noch erhöht ist" (R.G. IV. II. Mai 11).

Mangel der Zeugungs- und Gebärfähigkeit[1]) ist gleichfalls ein Anfechtungsgrund (E.R.G. Neue Folge 44. Jahrg. 1919). —

Etwas seltener führt gesteigerte geschlechtliche Begehrlichkeit (Satyriasis beim Mann, Nymphomanie bei der Frau genannt) zu ehelichen Schwierigkeiten; dies geschieht namentlich dann, wenn das Mißverhältnis zwischen den Wünschen der beiden Teile besonders groß ist oder der weniger begehrliche Gatte an der Gesundheit Schaden leidet. Innerliche Entfremdung und Ehebruch sind dann so gut wie unvermeidlich.

Andererseits leidet derjenige Ehegatte, dessen geschlechtliche Erregbarkeit nicht gesteigert ist, sehr unter dem Verhalten des anderen Teils, und es kann sogar zu nervösen Erschöpfungssymptomen kommen. Namentlich im letzteren Falle liegt wohl ein Anfechtungsgrund vor. (Vergl. auch J. W. 1902 S. 205).

Wir haben bisher vorwiegend von den quantitativen Schwankungen des Geschlechtslebens gesprochen und gesehen, daß die schon zu großen Schwierigkeiten in der Ehe führen. Noch mehr ist das der Fall, wenn es sich um qualitative Störungen handelt. Hier kommt in erster Linie die Homosexualität in Betracht, und zwar für beide Geschlechter.

Wenn ich zunächst die Entscheidungen der obersten Gerichte kurz besprechen darf, so ist zu erwähnen:

1. Daß „der Makel widernatürlichen Geschlechtsverkehrs auch nach Aufgabe des Lasters fortbesteht" (R.G. 26 XI 14. Recht 1915).

2. In einer Entscheidung vom Jahre 1919 (Neue Folge Bd. 45) hat das R.G. die Homosexualität als Anfechtungsgrund nochmals ausdrücklich anerkannt. Die Begründung, daß es sich dabei um eine „Eigenschaft" i. S. des Gesetzes handelt, gibt das Gericht in folgender Weise: „Es handelt sich nicht um gelegentliche Verfehlungen. Alle Verfehlungen bildeten vielmehr zusammen eine einzige Kette." —

Vom medizinischen Standpunkte aus möchte ich für die Beweisführung in Zukunft hinzufügen, daß es weniger

1) Den entgegenges. Standpunkt vertritt eine E. d. Oberl.-Ger. Kiel. S. Seuff. Arch. für Strafrecht. Bd. 48. Jahrg. 1919.

auf die Zahl der homosexuellen Akte [1]) ankommt, die begangen werden, als vielmehr auf die mit der Homosexualität oft verbundene veränderte Stellungnahme zur Ehe.

Homosexuelle heiraten oft, um sich vor den Folgen ihrer gleichgeschlechtlichen Neigungen zu retten. Sie verschweigen jedenfalls die abnormen Empfindungen geflissentlich. Nach Schließung der Ehe erkennen sie dann, daß der erhoffte Erfolg ausbleibt. Ihre Veranlagung hindert sie aber, den anderen Ehegatten so zu lieben, wie das Heterosexuelle tun. Nicht selten erscheint ihnen der andere Ehegatte verächtlich und minderwertig. Die Ehe als solche wird von vielen als eine lächerliche Institution angesehen u. ä. m.

Diese Art zu denken, das homosexuelle Empfinden ist es in erster Linie, welches eine pathologische „Eigenschaft" im Sinne des § 1333 darstellt. Ich möchte dabei nicht unterlassen hinzuzufügen, daß viele Homosexuelle darüber, daß sie in Liebes- und Ehefragen anders denken, als der Durchschnittsmensch, tief traurig sind [2]). Sie können aber nicht anders. Deshalb sind sie meist zur Ehe ungeeignet. —

Ähnlich wie bei der Homosexualität liegen die Verhältnisse auch bei den bekanntesten anderen Perversitäten, dem Sadismus und Masochismus, wenn nicht zufällig zwei Menschen zusammenkommen, die sich in dieser Beziehung ergänzen.

Die Sadisten und Masochisten, welche ich kennen gelernt habe, waren in ihrer Gesamtpersönlichkeit, namentlich aber in ihrem Denken und Fühlen in Bezug auf Ehefragen so wesentlich anders, als die große Masse, dass sie schon deshalb für die Ehe ungeeignet waren, jedenfalls aber „Eigenschaften" besaßen, die eine solche Ehe anfechtungsreif erscheinen ließen, wenn der andere Teil ihren Wünschen verständnislos gegenüberstand.

Namentlich die Masochisten, die meist eine Mischung von Sklaventum und Bosheit darstellen, wirken auf normal empfindende Menschen äußerst abschreckend.

1) Es muß immer wieder darauf hingewiesen werden, daß nur ein gewisser Prozentsatz aller Homosexuellen grobsinnliche Akte oder strafbare Handlungen i. S. des § 175 Str.-G.-B. begeht. Die größere Mehrzahl unterscheidet sich vom Durchschnittsmenschen nur durch das homosexuelle Empfinden

2) S. Magnus Hirschfeld. Homosexualität. Berlin 1914.

Wie ich oben schon andeutete, finden sich bisweilen zwei sich ergänzende Partner zusammen. In solchen Fällen kettet das rein Sexuelle die beiden Menschen oft so aneinander, daß weder materielle Not, noch sonstige, in den Charakteren gelegene Schwierigkeiten die Ehe zu lösen vermögen. —

Bezüglich der Homosexualität ist übrigens noch nachzutragen, daß neuerdings, basierend auf Versuchen von Steinach, eine operative Beseitigung[1]) des Leidens versucht wird. Wie weit Dauerresultate zu erzielen sein werden, läßt sich heute noch nicht sagen. —

Nächst den sexuellen Abweichungen sind es Geistes- und Nervenkrankheiten, welche einen Anfechtungsgrund abgeben können. Die Rechtsprechung besagt dazu folgendes:

1. Erbliche Belastung oder lediglich eine Anlage zur Geisteskrankheit, oder die unbestimmte Besorgnis vor geistiger Erkrankung, ohne daß an der in Betracht kommenden Person Abweichungen nachgewiesen werden können, sind kein Anfechtungsgrund (E.R.Z. 1910, Recht 1910 Nr. 1389 und Recht 1911 Bd. 15).

2. Eine bloß vorübergehende akute Krankheit erfüllt den Begriff einer persönlichen Eigenschaft regelmäßig auch dann nicht, wenn sie erst in einiger Zeit und schwer heilbar ist. Der Regel nach muß vielmehr zur Begründung der Anfechtungsklage aus § 1333 ein dauernd unheilbares Leiden nachgewiesen werden (R.G. IV 5. Nov. 14 Recht 1915 Bd. 19).

3. Ein unheilbares Leiden ist als eine persönliche Eigenschaft i. S. des § 1333 anzusehen. Unheilbarkeit ist anzunehmen, wenn nach aller ärztlicher Erfahrung eine Heilung ausgeschlossen erscheint (R.G. VI 3. Mai 17 Recht Bd. 21).

4. Eine überstandene Geisteskrankheit begründet keine persönliche Eigenschaft i. S. des § 1333 B.G.B. (R.G. IV 550/II D. Jur.-Ztg. 1912).

5. Bei der Anfechtung einer Ehe wegen Geisteskrankheit eines Ehegatten bedarf es der ausdrücklichen Feststellung des Geisteszustandes, welcher bei demselben z. Zt. der Eheschließung tatsächlich bestanden hat (R.G. IV 9. Mai 12 Recht 1912).

Die eben zitierten Entscheidungen bedürfen weiterer Besprechung:

Berechtigt ist die Ablehnung der erblichen Belastung als Anfechtungsgrund. Gerade der Mediziner muß fordern, daß nur pathologische Erscheinungen an dem Individuum selbst Berücksichtigung finden.

Man muß auch zugeben, daß eine einmalige akute heil-

---

1) Vergl. den Aufsatz von Mühsam. Deutsche Med. Woch. 1920, Juli.

bare Psychose (etwa eine Amentia oder ein Infektionsdelirium) keine Eigenschaft i. S. des Gesetzes darstellen kann, selbst wenn sie erst in einer Reihe von Monaten ausheilt. Denn hier hat eine zufällig einwirkende äußere Ursache eine Geistesstörung hervorgerufen, die nicht rezidiviert.

Schwieriger liegt das Problem schon bei den endogenen Psychosen, namentlich dem manisch-depressiven Irresein[1]).

Wenn eine Melancholie oder Manie vor der Ehe aufgetreten ist, d. h. scheinbar der Fall der Entscheidung 4 in Betracht kommt, oder z. Zt. der Eheschließung eine hierher gehörige Krankheitsphase sich einstellt (Fall 2), so bleibt zu bedenken:

1. daß es sich um eine Erkrankung handelt, die in der Persönlichkeit des Patienten tief begründet liegt und bei Jugendlichen sehr zu Rückfällen neigt. Namentlich Frauen sind durch Schwangerschaften sehr gefährdet,

2. daß auch die leichteren seelischen Schwankungen das Eheleben ungünstig beeinflussen,

3. daß das Leiden sich außerordentlich leicht auf die Nachkommenschaft vererbt,

4. daß die davon Befallenen häufig in den Zeiten zwischen zwei schweren Attacken auch nicht ganz frei von pathologischen Eigenschaften sind und daß schließlich

5. diese Äußerungen der Anlage sich bei vielen Fällen mit den Jahren verstärken, so daß sich für die davon Befallenen die Gefahr, dauernd erhebliche Abweichungen von der Norm zu bieten, von Jahr zu Jahr steigert.

Daraus folgt, daß man sich im konkreten Fall mit der Feststellung der einmaligen Erkrankung nicht begnügen darf, sondern die Persönlichkeit in ihrem ganzen Lebenslauf studieren muß. Tut man das, so wird man zum mindesten bei einem gewissen Teil der Fälle so viele und so gewichtige Abweichungen von der Norm als Dauererscheinungen finden, daß weniger wegen der einmaligen schweren Erkrankung, als vielmehr wegen der erwähnten Dauererscheinungen von einer Eigenschaft i. S. des Gesetzes gesprochen werden kann[2]).

---

1) Horstmann: Z. f. Med. Beamte 1913 Heft 24.

2) Ich verweise bezügl. klinischer Einzelheiten auf meine Arbeit: Man.-depressive Anlage Arch. f. Psych. Festschr. f. Moeli 1918.

Für manche Epilepsie- und Hysteriefälle werden analoge Überlegungen am Platze sein. Es ist deshalb mit Freuden zu begrüßen, daß sowohl die Epilepsie (Recht 1916 und 1918) wie die Hysterie (Recht 1918) als Anfechtungsgründe neuerdings anerkannt sind.

Das, worauf es bei diesen Krankheiten ankommt, sind weniger die episodisch auftretenden psychischen Störungen, wie Dämmer- und Verwirrtheitszustände, als die dauernd vorhandenen Charakteranomalien, welche sich gerade im Eheleben äußerst ungünstig bemerkbar machen können. Ich nenne als solche bei der Epilepsie: Neigung zur Frömmelei, Lügenhaftigkeit, Reizbarkeit, Erschwerung des Denkens, Langsamkeit und Umständlichkeit des Handelns.

Bei der Hysterie sind es gleichfalls die Neigung zum Lügen, Intriguieren, Verleumden und Hetzen sowie Empfindlichkeit, Eifersucht, Reizbarkeit, Neigung zu Zornesausbrüchen, Verschwendungssucht, gesteigerte Erotik, Putzsucht, die jeden vernünftigen Menschen bei verständiger Würdigung des Wesens der Ehe von der Eingehung derselben abgehalten haben würden.

Heilbare Krankheiten sollen im allgemeinen, wie schon oben gesagt wurde, nicht als Eigenschaften i. S. des Gesetzes angesehen werden. Manchmal ergeben sich da klinische Schwierigkeiten in Bezug auf die Prognose, namentlich bei dem Alkoholismus und Morphinismus.

Beide Krankheiten gelten als prinzipiell heilbar. Dauerheilungen werden aber nur in einem gewissen Prozentsatz der Fälle erreicht. Beim Morphinismus wird die Zahl der Dauerheilungen nur auf 8—10 % geschätzt[1]).

Chronischer Alkohol- oder Morphiummißbrauch ist aber unzweifelhaft als Eigenschaft in unserem Sinne anzusehen. Von chronischem Mißbrauch wird man sprechen können, wenn eine oder sogar mehrere längere Kuren erfolglos waren, denn in diesem Falle haftet die Krankheit dem Patienten für nicht absehbare Zeit, d. h. günstigstenfalls für mehrere Jahre an. Da nun auch der Trinker und Morphinist gerade solche Erscheinungen darbietet, die eine glückliche Ehe nicht gewährleisten, so kann man wohl annehmen, daß

1) E. Schultze in Binswanger-Siemerlings Lehrbuch der Psychiatrie. S. Fischer, Jena.

ein Verlobter bei verständiger Würdigung des Wesens der Ehe eine Ehe mit einem chronischen Alkoholisten nicht eingehen würde.

Man muß bedenken, daß Trinker ausgesprochene Egoisten sind, die lügen und betrügen, wenn sie Geld brauchen, ihre Familie schlecht behandeln und arbeitsscheu sind, dazu oft eine krankhafte Eifersucht zeigen und es ihrerseits mit der ehelichen Treue nicht genau nehmen. —

Bei den chronischen Vergiftungen, von denen ich eben sprach, bleibt weiter zu bedenken, daß es meist von Jugend auf pathologische Persönlichkeiten sind, die Trinker oder Morphinisten werden. Wenn sie also von der Trunk- oder Morphiumsucht wirklich „geheilt" werden, bleibt oft noch so viel Pathologisches zurück, daß dieser abnorme Charakter für sich allein schon einen Anfechtungsgrund darstellen kann.

Außer den bisher besprochenen Typen ist schließlich noch der großen Gruppe der Entarteten und Schwachsinnigen zu gedenken, die in der Ehe gleichfalls große Schwierigkeiten bereiten. Die ehewidrigen Eigenschaften sind bei ihnen im großen Ganzen die gleichen, wie bei den Hysterikern. —

Zu § 1333 seien noch folgende Entscheidungen angeführt:

Erkennt der Ehemann eine während der Ehe auftretende Geistesstörung als Fortsetzung einer ihm bekannten derartigen vor der Ehe aufgetretenen Erkrankung, so läuft von dieser Erkenntnis ab die Anfechtungsfrist (R.G. VI. 16. Mai 17. Recht 1917).

Fahrlässige Unkenntnis der tatsächlichen bestehenden Epilepsie liegt bei einem jungen Mädchen nicht vor, wenn sie die Anfälle als Ohnmachten zufolge Blutarmut ansah, und von den Eltern nicht aufgeklärt wurde, ihr vielmehr Besserung in Aussicht gestellt wurde (R.G. IV. 20. Mai 14. Recht 1914).

Handelt es sich um den Unterschied zwischen Nervosität und Charakterfehlern einerseits, schwerer unheilbarer Hysterie andererseits, so beginnt unter Umständen die Anfechtungsfrist erst mit Kenntnis des ärztlichen Gutachtens, das Hysterie bejaht (R. G. VI. 10. Juni 18. Recht 1918).

Bei Prüfung der Voraussetzungen des § 1333 ist in erster Linie der objektive, der allgemein sittlichen Kultur entsprechende Maßstab anzuwenden. Das subjektive Empfinden eines Eheteils kann das Anfechtungsrecht u. U. einschränken, nicht aber über das objektive Maß ausdehnen (J. W. 1904 S. 114, J. W. 1911 S. 543, Recht 1907 Nr. 2564).

c) Wegen arglistiger Täuschung.

§ 1334. Eine Ehe kann von dem Ehegatten angefochten werden, der zur Eingehung der Ehe durch arglistige Täuschung über solche Umstände bestimmt worden ist, die ihn bei Kenntnis der Sachlage und bei verständiger Würdigung des Wesens der Ehe von der Eingehung der Ehe abgehalten haben würden. Ist die Täuschung nicht von dem anderen Ehegatten verübt worden, so ist die Ehe nur dann anfechtbar, wenn dieser die Täuschung bei der Eheschließung gekannt hat.

Auf Grund einer Täuschung über Vermögensverhältnisse findet die Anfechtung nicht statt.

Arglistige Täuschung liegt vor, wenn vom Täuschenden ein selbst hervorgerufener oder als vorhanden erkannter Irrtum zu dem Zweck benutzt wird, die Willensentschließung und damit die Willenserklärung des Irrenden zu beeinflussen (J. W. 1909 S. 308). Der Täuschende braucht nicht die Absicht gehabt zu haben, den Getäuschten zu schädigen (J. W. 1912 Nr. 69).

Wird eine Ehe aus dem Gesichtspunkte der arglistigen Täuschung angefochten, so sind zur Klagebegründung die Tatumstände anzuführen, aus denen das Vorliegen der Voraussetzungen solcher Anfechtung nach § 1334 zu entnehmen ist. (Recht 1912 R.G. IV. 9. Mai 1912).

Arglistige Täuschung ist ausgeschlossen, wenn der den Mangel mitteilende Verlobte Verständnis seiner Angaben voraussetzen durfte. Mitteilung an die Eltern kann solchenfalls nicht gefordert werden (R.G. IV. 19. 3. 14 Recht 1914).

Die Täuschung kann auch durch hinterhältige Antworten auf Fragen der Eltern bewiesen werden. Die Beweisanforderungen sind nicht zu überspannen (21. XI. 12. Recht 1913).

Der Nachweis, daß arglistige Täuschung vorliegt, ist bei Ehesachen schwer zu erbringen. Man muß zugeben, daß Kenntnis von der Anfechtbarkeit einer zu schließenden Ehe sich noch nicht notwendig mit arglistiger Täuschung i. S. des § 1334 deckt.

Es sind vielmehr Fälle denkbar, in denen ein Ehegatte bei der Eheschließung von dem Irrtum des anderen Teils unterrichtet ist, ohne daß ihm gerade arglistige Täuschung dabei vorzuwerfen wäre (R.G. 8. II. 12 Recht 1912).

Bei Krankheitszuständen wird man arglistige Täuschung von Seiten der Verwandten nur dann annehmen können, wenn man nachweisen kann, daß die in Betracht kommenden Persönlichkeiten nicht nur über den Anfechtungsgrund aufgeklärt worden sind, sondern auch darüber, daß es bedenklich sei, denselben dem anderen Verlobten zu verschweigen.

Ich selbst verfahre in der Sprechstunde so, daß ich den Angehörigen sage 1. bei dem Untersuchten liegt eine psychische (oder nervöse) Krankheit vor. 2. Dieselbe bedingt die Anfechtbarkeit der geplanten Ehe. 3. Ich rate deshalb von einer Eheschließung ab, halte es zum mindesten für nötig, daß der andere Verlobte über den Zustand des zukünftigen Ehepartners aufgeklärt wird. 4. Geschieht das nicht, so macht sich die Familie einer arglistigen Täuschung schuldig. —

Selbst bei so unzweideutiger Aufklärung wird es nicht immer möglich sein, arglistige Täuschung anzunehmen, denn die Familien gehen bei ungünstigen Auskünften oft noch zu anderen Ärzten und es bleibt ihnen, wenn sie dort eine abweichende Auskunft erhalten, überlassen, wem sie glauben wollen. Es kann ihnen dann jedenfalls eine mala fides nicht mehr bewiesen werden.

Daß die Ansichten über die Ehefähigkeit von Psychopathen, Hysterikern und ähnliche Kranken auch in Ärztekreisen nicht übereinstimmen, ist bekannt. Wirklich brauchbare Auskunft können nur solche Psychiater erteilen, die beide Verlobte kennen gelernt haben und besondere Spezialerfahrung besitzen.

Eine Anfechtung wegen arglistiger Täuschung ist meist auch schon deshalb ausgeschlossen, weil die Verhandlungen über die Ehefähigkeit des Patienten, selten in dessen Gegenwart so geführt werden, daß man im Falle der Anfechtung behaupten könnte, er habe die Täuschung bei der Eheschließung gekannt. —

Das Reichsgericht hat Entscheidungen getroffen, in einem Falle vorehelicher Schwangerschaft (Arglistige Verschweigung anerkannt s. R.G. IV. 2. Juni 10 Recht Bd. 14, Jahrg. 1910).

In einem Falle von Beischlafsunfähigkeit wurde arglistige Täuschung auch dann abgelehnt, wenn der Mann bei den vorehelichen Mitteilungen über seinen Gesundheitszustand die entfernte Möglichkeit eines Mißerfolges unerwähnt ließ (R.G. IV. 19. III. 14. Recht 1914).

Wird anerkannt, daß der eine Ehegatte durch den anderen arglistig getäuscht war und ist infolgedessen die Ehe für nichtig erklärt worden, so bestimmt § 1345:

War dem einen Ehegatten die Nichtigkeit der Ehe bei der Eheschließung bekannt, so kann der andere Ehegatte, sofern nicht auch ihm die Nichtigkeit bekannt war, nach der Nichtigkeitserklärung oder der Auflösung der Ehe verlangen, daß ihr Verhältnis in vermögensrechtlicher Beziehung, insbesondere auch in Ansehung der Unterhaltspflicht, so behandelt wird, wie wenn die Ehe zur Zeit der Nichtigkeitserklärung oder der Auflösung geschieden und der Ehegatte, dem die Nichtigkeit bekannt war, für allein schuldig erklärt worden wäre.

Diese Vorschrift findet keine Anwendung, wenn die Nichtigkeit auf einem Formmangel beruht und die Ehe nicht in das Heiratsregister eingetragen worden ist.

V. Eheliche Lebensgemeinschaft.

§ 1353. Die Ehegatten sind einander zur ehelichen Lebensgemeinschaft verpflichtet.

Stellt sich das Verlangen eines Ehegatten nach Herstellung der Gemeinschaft als Mißbrauch seines Rechtes dar, so ist der andere Ehegatte nicht verpflichtet, dem Verlangen Folge zu leisten. Das Gleiche gilt, wenn der andere Ehegatte berechtigt ist, auf Scheidung zu klagen.

Unter ehelicher Lebensgemeinschaft ist die Pflicht zum Zusammenleben, zum Geschlechtsverkehr, zur Treue und zu gegenseitigem Beistande, sowie alle sonstigen, dem sittlichen Wesen der Ehe entsprechenden Pflichten zu verstehen (Motive 4. 104).

Die eheliche Lebensgemeinschaft hat keineswegs zur Voraussetzung, daß die Eheleute zueinander unausgesetzt ein vorwurfsfreies Verhalten beobachten. Mißhelligkeiten, Meinungsverschiedenheiten, gelegentlich auch Ausschreitungen pflegen in den meisten Ehen vorzukommen. Das die Lebensgemeinschaft der Eheleute beherrschende Sittengebot macht jedoch die Überwindung derartiger Störungen des ehelichen Friedens zur unbedingten Notwendigkeit (J. W. 1911 Urt. v. 3. Juli 1911).

Eine Verletzung dieser Pflichten kann die Klage auf Herstellung des ehelichen Lebens (§606 Z.P.O.) oder die Scheidungsklage begründen (Warneyer 1912 Nr. 262). Ein Verschulden braucht nicht vorzuliegen (J. W. 04 409, 18).

Außer den schon genannten Pflichten sind in weiteren Entscheidungen noch folgende aufgeführt:

Verpflichtung zur Beseitigung von Hindernissen, die der ehelichen Lebensgemeinschaft entgegenstehen (R.G. 69, 256 J. W. 1905 S. 49).

Verpflichtung, sich zwecks Wiederherstellung der Gesundheit in eine Heilanstalt aufnehmen zu lassen (R.G. 51, 182). Der Mann hat die Pflicht, der Frau die erforderliche ärztliche Behandlung zuteil werden zu lassen.

Nichtig ist ein Vertrag, in dem für die ganze Dauer der Ehe vereinbart wird, daß die Ehegatten getrennt leben und der Mann an die Frau eine Unterhaltsrente zahlt (Warneyer 1911, 108).

Ein Mißbrauch des Rechtes liegt vor, wenn der eine Teil von dem anderen das Festhalten an der vollkommenen Hingabe verlangt, während er selbst diese dem Ehegatten nicht zurückgewährt (Stammler), oder wenn sein Verhalten dem sittlichen Wesen der Ehe widerspricht.

An Beispielen des Mißbrauches seien angeführt:

Wenn die hysterische Frau durch das Verhalten des Mannes eine Verschlimmerung ihres Leidens erfährt (Recht 1908 Nr. 3136 u. L. W. Weber Ärztl. Sachv.-Ztg. 1914 und 1916).

Eine weitere Entscheidung, in der der Einfluß einer geisteskranken Frau auf ihren nervösen Gatten geschildert ist, möchte ich ausführlicher wiedergeben (J. W. 1913 Nr. 7 S 378 u. Psych. W. Bd. 16 S. 83).

Bei Erörterung der Frage, ob das Eheherstellungsverfahren der Klägerin als Mißbrauch ihres Rechtes im Sinne des § 1353 Abs. II B.G.B. anzusehen sei, stellt das Berufungsgericht nicht nur den geistigen Zustand der Klägerin fest, sondern beschäftigt sich auch mit dem Einflusse dieses Zustandes auf den Beklagten und die gesamten ehelichen Verhältnisse. Schon in dem die Scheidung betreffenden Vorprozesse der Parteien war der geistige Zustand der Klägerin als krankhaft angenommen worden. Sie war von einer krankhaften schiefen Auffassung der Dinge in Bezug auf ihre Ehe und ihr Familienleben beherrscht, und zwar dergestalt, daß sich ein unverkennbarer Beeinträchtigungswahn, Neigung zu Erinnerungsfälschungen und erhöhte Reizbarkeit herausgebildet hatten. Hand in Hand hiermit ging gesteigertes Selbstbewußtsein der Klägerin, das sie dazu verleitete, sich selbst, insbesondere ihre Opferfähigkeit bei Erziehung der Kinder zu überschätzen und alle Schuld an der Ehezerrüttung lediglich dem Beklagten zuzuschieben. Das B.G. stellt auf Grund des Gutachtens des Gerichtsarztes Dr. O. fest, daß sich der geistige Zustand der Klägerin gegen früher in keiner Weise geändert hat. Es trägt auch kein Bedenken, sich der Auffassung dieses Sachverständigen darin anzuschließen, daß bei einem Zusammenleben der Parteien die körperliche und geistige Gesundheit des Beklagten durch die Eigenart der geistigen Verfassung der Klägerin gefährdet werde. Es sei nur wahrscheinlich, daß darunter die Fähigkeit des Beklagten, seine Pflichten im Berufe und gegenüber seinen Kunden in gehöriger Weise zu erfüllen, leiden würde. In erheblichem Maße würde namentlich das Verhältnis zwischen Vater und Kindern gestört werden. Hierbei legt das B.G. besonderes Gewicht darauf, daß die Wahnvorstellungen der Klägerin gerade auf dem ehelichen Gebiete in die Erscheinung treten und so eine immerwährend fließende Quelle ernstester Zwistigkeiten und Störung zwischen den Parteien im Falle ihres Zusammenlebens bilden würden. Die beim Beklagten durch Dr. L. festgestellte Verkalkung der Gehirnarterien sei — so wird vom B.G. weiter ausgeführt — auf den jahrelangen Ärger und Kummer, die fortwährenden tiefen seelischen Erregungen und Kränkungen, die ihm von seiten der Klägerin zuteil geworden seien, zurückzuführen. In ursächlichem Zusammenhange hiermit ständen die von Dr. L. in der letzten Zeit beim Beklagten beobachteten krankhaften Erscheinungen, als erhöhte Reizbarkeit, zeitweilig auftretende seelische Gedrücktheit, Blutandrang nach dem Kopf in Verbindung mit leichten Schwindelanfällen, häufiger Schlaflosigkeit und mitunter aussetzender Pulstätigkeit. Mit Rücksicht auf das vorgeschrittene Alter des Beklagten (er ist 1856 geb.) seien für seine Gesundheit die schlimmsten Folgen aus dem Zusammenleben mit der Klägerin zu befürchten. So gelangt das B.G. zur Bejahung der Frage, ob in dem Herstellungsverlangen der Klägerin ein Rechtsmißbrauch zu finden sei. Es verhehlt sich dabei nicht, daß auch der Beklagte nicht ganz frei von Schuld sei und durch sein Verhalten den krankhaften Zustand der Klägerin noch etwas verschlimmert habe. Diese Erwägung sei aber nicht geeignet, die Beurteilung in ihren Ergebnissen zu ändern. Die Revision bekämpft die Ausführungen des B.G. als rechtsirrig. Ein Rechtsirrtum läßt sich jedoch dem B.G. nicht nachweisen. Das B.G. ist vielmehr bei seinen Erörterungen von zutreffenden rechtlichen Gesichtspunkten ausgegangen. Gewiß ist, daß an sich die krankhafte Veranlagung eines Ehegatten kein Grund für den anderen Ehegatten sein kann, die eheliche Gemeinschaft zu verweigern. Eine unverschuldete Krankheit des einen Ehegatten entbindet den anderen Ehegatten nicht von seiner Verpflichtung, das Zusammenleben zu ertragen, wenn es mit Geduld und Nachsicht und ohne Gefährdung der Zwecke der Ehe möglich ist. Im vorliegenden Fall aber ist die Möglichkeit eines für die Zwecke der Ehe ersprießlichen Zusammenlebens der Parteien vom B.G. gerade verneint worden. Es ist rechtseinwandfrei festgestellt worden, daß bei der Eigenart der Krankheit der Klägerin das Zusammenleben der Parteien dahin führen würde, die Gesundheit des Ehemannes, seine Fähigkeit zur Erfüllung von Berufspflichten und familienrechtlichen Aufgaben zu untergraben und möglicherweise das ganze Familienleben zugrunde zu richten. Unter diesen Umständen kann dem anderen Ehegatten nicht zugemutet werden, die häusliche Gemeinschaft mit dem erkrankten Ehegatten wieder aufzunehmen (E. c. E. Ii. v 9. Jan. 1913, 366/12 IV. Dresden. J. W. Nr. 7. S. 378). —

Mißbräuchlich ist das Verlangen auch, wenn der Mann geschlechtskrank ist (J. W. 07, S. 178, 18), es sei denn, daß Ansteckungsgefahr nicht mehr besteht (R. G 19. 9. 12. IV 168/12).

Hat der Mann die Trennung der Frau durch Mißhandlung, Bedrohung, Beschimpfung, Versagung des Unterhalts, Vorenthaltung der Stellung als Hausfrau (J. W. 03 Beil. 103, 232) oder durch sonstige unwürdige Behandlung veranlaßt, so stellt sich sein Herstellungsverlangen so lange als mißbräuchlich dar, als in seiner zuvor betätigten ehewidrigen Gesinnung nicht eine Wandlung eingetreten und für den gekränkten Teil erkennbar geworden ist. Der Beklagte ist nicht gehalten, sich der Gefahr neuer Unbilden auszusetzen. Liegt aber für ihn bei vernünftiger Würdigung der Umstände kein Grund mehr zu Befürchtungen vor, so ist das Verlangen berechtigt (J. W. 03. Beil. 71, 164).

Wenn ein Ehegatte einen unverhältnismäßig großen Teil seines Verdienstes vertrinkt, ohne für Frau und Kinder eine geeignete Wohnung zu beschaffen, so besteht für die Dauer dieses Zustandes ein Mißbrauch des Rechtes (Recht 1905 Nr. 1863). —

Wie gerade aus diesen letzten Entscheidungen hervorgeht, findet der § 1353 bei Trinkern besonders häufig Anwendung. Die Erfahrungen in den Trinkerberatungsstellen beweisen das.

Die in der vorletzten Entscheidung geforderte Wandlung der Gesinnung tritt für gewöhnlich erst nach längerer Behandlung in einer Trinkerheilstätte ein und auch da nicht immer. Bei der Feststellung, ob diese Wandlung eingetreten ist oder nicht, bleibt zu berücksichtigen, daß Versicherungen und Versprechungen eines Trinkers nur geringen Wert haben. —

Bei den Frauen sind es hauptsächlich die Hysterischen, welche Schwierigkeiten bereiten (s. L. W. Weber). Das Befinden eines Hysterischen ist von seiner Umgebung abhängig. Das Zusammenleben mit einem nicht angenehmen oder gar gehaßten Ehegatten kann deshalb eine Gesundheitsschädigung darstellen. Es muß allerdings der ursächliche Zusammenhang zwischen dem Verhalten des „gesunden“ Ehegatten und der Steigerung der hysterischen Erkrankung nachgewiesen werden, ehe von einem Mißbrauch des Rechtes die Rede sein kann. —

Der Ehegatte, welcher die eheliche Gemeinschaft aufgegeben hat, ist zur Wiederherstellung nicht verpflichtet, wenn er berechtigt ist, auf Scheidung zu klagen, und zwar aus § 1565—1568 J. W. 03 Beil. 44, 96.

Für unsere Zwecke ist noch die folgende Entscheidung wichtig:

Eine Aufhebung der häuslichen Gemeinschaft ist nur dann vorhanden, wenn ein Teil die Herstellung verweigert, nicht aber schon dann, wenn nichts weiter vorliegt, als daß er ohne seinen Willen oder unfreiwillig vorübergehend von Hause abwesend ist, z. B. zu einer militärischen Übung eingezogen, ins Krankenhaus oder ins Gefängnis gebracht wird, oder daß er ohne den Willen, die Gemeinschaft aufzuheben, vorübergehend verreist (O. L.C. Königsberg, 9. Juni 1902. Recht 1903 Beil. 43 Entsch. Nr. 194).

In den Ehen, in denen der eine Gatte Trinker oder Hysteriker ist, pflegt auf die Dauer auch der andere Teil nervös zu werden. Die ständigen Reibungen bewirken das. —

Interessant ist noch ein bei Joerges (Eheliche Lebensgemeinschaft Halle 1912) zitierter Fall, in dem ein Ehegatte sich weigerte, in die häusliche Gemeinschaft zurückzukehren, weil er eine wesentliche Verschlechterung seines Zustandes befürchtete. Der beklagte Ehegatte erbot sich, der Ehefrau ein Stockwerk seines Hauses zur alleinigen Benutzung zur Verfügung zu stellen und ihr jede ärztliche Behandlung und Krankenpflege zuteil werden zu lassen. Das R.G. warf daraufhin die Frage auf, ob bei Durchführung der ärztlich gebotenen Maßnahmen eine wesentliche Verschlechterung des Zustandes der Klägerin zu befürchten sei; denn die Fernhaltung vom Manne dürfe nicht weiter gehen, als unbedingt nötig sei. Krankheit stelle einen Ausnahmezustand dar, dessen Regelung nicht nur in seiner Art, sondern auch in seiner Dauer so weit wie möglich der Einschränkung bedürfe.“

VI. Unbedingte Scheidungsgründe.

§ 1564. Die Ehe kann aus den §§ 1565 bis 1569 bestimmten Gründen geschieden werden. Die Scheidung erfolgt durch Urteil. Die Auflösung der Ehe tritt mit der Rechtskraft des Urteils ein.

Mit Rücksicht darauf, daß die Parteien öfters vor und während des Prozesses Verabredungen treffen, sei auf folgende Entscheidungen hingewiesen.

Ein die Frau für schuldig erklärendes rechtskräftiges Scheidungsurteil, und zwar dadurch, daß es vom Manne in einer gegen die guten Sitten verstoßenden Weise zu Unrecht erwirkt ist (der Mann bestimmte die Frau, sich nicht zu verteidigen), ist nicht seiner familienrechtlichen und vermögensrechtlichen Wirksamkeit entkleidet, aber die Frau kann vom Manne wegen des ihr verloren gegangenen Unterhaltsanspruches (§§ 1360, 1361) Schadenersatz verlangen (R.G. 75, 213).

Eine Frau, die im Rechtsstreite bewußt rechtswidrig durch Täuschung des Gerichts die Scheidung der Ehe aus Verschulden des Mannes durchsetzt und ihre Mitschuldigerklärung abwendet, nämlich durch die falsche Behauptung, ihr Mann verletzte sie durch den unbegründeten (in der Tat begründeten) Vorwurf des Ehebruchs, macht sich dem Manne gegenüber schadenersatzpflichtig, aus § 826.

Der von der Frau dem Manne zu ersetzende Schaden besteht darin, daß sie die Ausnutzung des zu ihren Gunsten ergangenen Urteils und damit die Geltendmachung des Unterhaltsanspruchs unterläßt (R.G. 30. 10. 11 IV. 61/11).

Ein zwischen Eheleuten geschlossener Vertrag, inhalts dessen die Frau für den Fall, daß sie den ihr erwachsenen Scheidungsgrund des Ehebruchs gegen ihren Mann im Wege der Scheidungswiderklage nicht geltend macht, vom Manne 10 000 M. zum Unterhalte für sie und die Kinder versprochen erhält, verstößt dann nicht gegen die guten Sitten (§ 138), wenn die Frau schon vor Abschluß des Vertrages entschlossen war, wegen des Ehebruchs des Mannes die Scheidung durchzuführen und hiervon aus Besorgnis für ihre und der Kinder gefährdete wirtschaftliche Lage Abstand genommen hatte (R.G. J. W. 1913, 16[3]).

Verspricht der Mann, nachdem das Landgericht auf Scheidung erkannt, die Frau aber Berufung eingelegt hat, der Frau für den Fall, daß sie die Berufung zurücknimmt, eine Unterhaltsrente, so kommt es für die Frage, ob das Versprechen zur Erleichterung der Ehescheidung abgegeben worden ist, auch darauf an, ob ein Ehescheidungsgrund in Wirklichkeit nicht vorlag. Für Ehesachen besteht ebensowenig wie für andere bürgerliche Rechtsstreitigkeiten ein Zwang, die vorhandenen Rechtsmittel zu erschöpfen, und die Eheleute können wirksam die Abkürzung des Scheidungsverfahrens vereinbaren (R.G. J. W. 1913, 321[6]).

Nicht ein jeder Vertrag, der aus Zweckmäßigkeitsgründen bereits vor erfolgter Ehescheidung und im Hinblick auf eine solche eine den

Wünschen beider Teile entsprechende Regelung ihrer beiderseitigen Vermögensverhältnisse und sonstigen Angelegenheiten enthält, ist als sittenwidrig im Sinne des § 138 zu bezeichnen; vielmehr ist dies nur dann der Fall, wenn der Vertrag darauf abzielt, die Ehescheidung erst zu ermöglichen oder durch Beseitigung von Hindernissen und Schwierigkeiten wesentlich zu erleichtern. Ob und wann diese Voraussetzungen vorliegen, ist Sache der tatsächlichen Prüfung des einzelnen Falles (R.G. J. W. 1913 128[2]).

Nach den Motiven soll die Ehe in erster Linie eine sittliche Lebensgemeinschaft sein.

Im scharfen Gegensatz zu dieser Auffassung steht die Tatsache, daß in manchen Fällen vor Beginn des Prozesses eine Vereinbarung über die vorzubringenden Gründe und Anträge stattfindet. Dabei muß man sagen, daß derartige Vereinbarungen namentlich dann, wenn psychiatrische Fragen eine Rolle spielen, zum mindesten bzgl. der Dauer des Prozesses von hoher Bedeutung sind.

Es ist wohl kein Zufall, daß mehrere Fälle (z. B. schwere Degeneration mit Homosexualität, ein anderes Mal Gehirnsyphilis) dank der getroffenen Vereinbarungen in 6 Monaten erledigt waren, während einige andere Prozesse, in denen solche Vereinbarungen unterblieben, 7 Jahre dauerten.

Auch die Schlußurteile bezgl. der Hauptfrage, ob die Ehescheidung berechtigt ist oder nicht und namentlich bzgl. des Verschuldens beider Parteien waren einige Male geradezu verblüffend, und zwar nicht wegen „Weltfremdheit der Richter", sondern meiner Überzeugung nach, weil die Erwähnung geistiger Abweichungen bei der gegenwärtig gültigen Gesetzgebung und Rechtssprechung die Fragestellungen erheblich komplizierte, und weil die Parteien so ehrlich gewesen waren, keine Vereinbarungen über die Führung des Prozesses zu treffen. Ein Beispiel mag zeigen, was ich meine:

Frau Hysterica, unverstandene Frau, macht dem Mann bei geringfügigen Anlässen „Heulszenen", erzählt Fremden, daß sie schlecht behandelt werde, läuft dem Manne mehrfach fort, droht einige Male mit Selbstmord.

Mann grob, ziemlich ungebildet. Sexuell insuffizient (Vorzeitiger Samenerguß).

Der Mann ficht die Ehe wegen Irrtums an, die Frau klagt auf Scheidung gemäß § 1568.

I. Instanz: Der Anfechtungsklage wird stattgegeben. Die Scheidungsklage abgewiesen.

II. Instanz: Anfechtungsklage abgewiesen. Es wird auf Scheidung erkannt. Mann allein schuldiger Teil, obwohl die Frau selbst zugab, öfters zu weit gegangen zu sein. Dauer des Prozesses: 6 Jahre.

Das Tatsachenmaterial war in beiden Instanzen genau das gleiche.

Wenn die beiden Parteien sich im Anfang auf einige unter § 1568 fallende Gründe geeinigt hätten und die pathologischen Eigenschaften beider unerwähnt geblieben wären, dann würde der ganze Prozeß nicht mehr als ein Jahr gedauert haben. Wahrscheinlich wären auch beide für schuldig erklärt worden, was meinem Gefühl am meisten entsprochen hätte, auch von beiden erwartet wurde.

Als ich zu Beginn des Prozesses um Rat gefragt wurde, riet ich selbstverständlich zu der ehrlichen Form der Prozeßführung. Das bedeutete aber für beide Parteien fünf verlorene Jahre. —

Eine andere Schwierigkeit, auf die ich vom psychiatrischen Standpunkte aus aufmerksam machen möchte, ist folgende:

Wenn zwei Freunde durch äußere Zufälligkeiten und infolge besonderer persönlicher Eigenschaften ernstlich entzweit sind, so gelingt es nur ausnahmsweise, die beiden wieder dauernd zu versöhnen.

Bei Eheleuten wirkt der durch das Gesetz ausgeübte Zwang dahin, daß vielfach die „eheliche Gemeinschaft“ wieder aufgenommen wird. Die Wiederherstellung der „ehelichen Gesinnung“ aber kann kein Gesetz erzwingen. Wo die einmal verloren gegangen ist, kehrt sie auch bei normalen Menschen nicht so leicht wieder. Noch seltener geschieht das bei Persönlichkeiten, die in das Gebiet der Grenzzustände gehören.

Aus dieser Erfahrung folgt, daß der Gesetzgeber vom Durchschnittsstaatsbürger sehr viel verlangt, nicht selten zu viel. Und es folgt ferner daraus für die Rechtssprechung, daß überall da, wo die gesetzliche Möglichkeit besteht, das subjektive Empfinden der Parteien neben dem objektiven Tatbestand zum mindesten als gleichwertiger Faktor berücksichtigt werden sollte.

Daß die eheliche Gesinnung keineswegs ein konstantes Attribut der normalen Durchschnittsehen ist, zeigen deutlich die Kriegserfahrungen aller Länder. Nicht nur der Umstand beweist das, daß die Zahl der Ehescheidungen in und nach dem Kriege erheblich zugenommen hat, sondern auch die Tatsache, daß in den nicht geschiedenen Ehen die lange Zeit voneinander getrennten Gatten sich erst von neuem miteinander einleben mußten. Und das gelang sehr oft nur unter großen Schwierigkeiten, und unvollkommen, namentlich dann, wenn der Mann „nervös“ aus dem Felde zurückgekehrt war.

Ähnliche Verhältnisse liegen in solchen Ehen vor, wo ein langer Scheidungsprozess mit der Ablehnung der Scheidung endet. Die beiden Gegner haben sich Jahre hindurch bekämpft, der alte Groll wurde durch das Prozeßverfahren wach gehalten oder sogar noch gesteigert, die beiden Gatten haben lange Zeit getrennt gelebt, da ist es eigentlich selbstverständlich, daß die eheliche Gesinnung unwiederbringlich geschwunden sein muß. Die ethische Komponente des Ehelebens ist erstorben. Ja mehr als das: wenn die beiden Gatten sich überhaupt zu einem Zusammenleben entschließen können, so stellt das letztere meist eine Fortsetzung der früheren Kämpfe dar.

Wenn von den ethischen Seiten der Ehe die Rede ist, dann muß auch erwähnt werden, daß es Ehen gibt, bei denen von ehelicher Gesinnung allenfalls im Anfang die Rede sein kann, bald beleidigen und prügeln sich die Gatten. Sie können nicht länger als einige Wochen oder Monate wirklich friedlich zusammenleben, und trotzdem kommt es zu einer Scheidung gar nicht oder erst sehr spät.

Was solche Ehen zusammenhält, ist entweder die Geldfrage oder die Kinder oder eine krankhafte Sinnlichkeit, oft verbunden mit perversen Neigungen. Die Menschen, um die es sich im letzteren Falle handelt, sind fast ausschließlich Psychopathen. —

Ist hier die eheliche Gesinnung wenigstens noch im Beginn vorhanden, so gibt es auch Ehen, in denen sie von Anfang an fehlt. So ist mir aktenmäßig z. B. ein Ehepaar bekannt, das mehr als 15 Jahre zusammen gelebt hat. Der Mann war homosexuell und brachte seine männlichen Geliebten als Kutscher, Diener, Chauffeure usw. ins eigene Haus. Die Frau protegierte junge Künstler. Einer kannte die Eheirrungen des anderen genau, ohne sich deswegen zu beunruhigen. Scheiden ließ sich die Frau aber erst, nachdem der Mann plötzlich sein ganzes Vermögen verloren hatte. —

Es sei an dieser Stelle ferner auf die reinen Geld-, Konnexions- und Titelheiraten[1]) und auf die Heiraten aus Rache gegen einen Anderen hingewiesen.

Schließlich darf man an der Tatsache nicht vorübergehen, daß die eheliche Gesinnung etwas ist, was sich auch in der besten und normalsten Ehe erst allmählich entwickelt. Was weiß ein achtzehnjähriges Mädchen von den Pflichten und dem Wesen der Ehe?[2]) Wie kann der Gesetzgeber derartige subtile Kenntnisse und Fähigkeiten voraussetzen, wenn er dasselbe Individuum wegen Minderjährigkeit im Leben sonst noch nicht für voll geschäftsfähig hält?

Dazu kommt, daß unsere weibliche Erziehung — wenigstens bis vor kurzem — nicht sehr geeignet war, die heranwachsende weibliche Jugend für die Pflichten, die ihr in der Ehe erwuchsen, entsprechend vorzubereiten.

Darf man bei dieser Sachlage überhaupt die eheliche Gesinnung als in jeder normalen Ehe sicher vorhanden voraussetzen?

Doch wohl nur dann, wenn man bezüglich dessen, was unter ehelicher Gesinnung zu verstehen ist, sehr anspruchslos wird. —

Ich habe oben von den technischen Schwierigkeiten bei der Ehescheidung gesprochen. Es ist dabei noch einer sehr unerfreulichen Erscheinung zu gedenken, nämlich der langen Dauer der Prozesse.

Abgesehen davon, daß ich so Manchen im Verlaufe eines Ehescheidungsprozesses habe „nervös“ werden sehen, bringt ein solcher Rechtsstreit einen Menschen auch um seine besten Jahre, namentlich aber um die Möglichkeit, in einer neuen, vorsichtiger geschlossenen Ehe das zu finden, was ihm die erste versagt hat. —

---

1) Als Beispiel erwähne ich den Fall einer der bekanntesten internationalen Kokotten, die Spezialistin für sadistische Techniken war. Sie heiratete einen Grafen X, der Rechtsanwaltsschreiber war, um ihre Anziehungskraft zu erhöhen.

2) Ich empfehle dringend, mit Arbeiterfrauen, aber auch mit Damen der besten Gesellschaft über Wesen der Ehe, geistige Gemeinschaft und ähnliches zu sprechen.

VII. Absolute Ehescheidungsgründe.

a) Ehebruch.

§ *1565. Ein Ehegatte kann auf Scheidung klagen, wenn der andere Ehegatte sich des Ehebruchs oder einer nach den §§ 171, 175[2] des Strafgesetzbuchs strafbaren Handlung schuldig macht.*

Das Recht des Ehegatten auf Scheidung ist ausgeschlossen, wenn er dem Ehebruch oder der strafbaren Handlung zustimmt oder sich der Teilnahme schuldig macht.

Zur Vollendung des Tatbestandes des Ehebruchs ist Vereinigung der Geschlechtsteile erforderlich (R.G.St.4[23]). Andere Formen außerehelicher sexueller Betätigung können nicht nach § 1565, wohl aber nach § 1568 Ehescheidungsgrund sein (vgl. R.G. Iv. 8. 1. 14 Recht 1914).

Die Scheidung der Ehe ist mangels eines subjektiven Verschuldens[1]) des Beklagten ausgeschlossen (R.G. IV. 21. Juni 13 Recht 1914, s. auch D. J. Z. 01 [564], J. W. 07 [472]). Mir ist z. B. ein Fall bekannt, in dem eine sehr fromme Dame beim Beten vor einem abseits der Landstraße stehenden Christusbilde von einem Landstreicher überfallen und geschwängert worden war.

Ein wegen Geistesschwäche Entmündigter kann sich des Ehebruchs schuldig machen, wenn nach den Feststellungen des Tatrichters die Voraussetzungen des § 51 St.G.B. nicht gegeben sind (R.G. 27. 5. 07 IV. 501/06).

Über die Frage der Z u s t i m m u n g äußern sich folgende Entscheidungen aus neuerer Zeit:

Die Zustimmung kann auch eine allgemeine sein und stillschweigend erteilt werden (R.G.B. IV. 24. Juni 18—151/18 (Recht 1918). (Ebenso Recht 1916 u. R.G. IV. 2. III. 164 R.G. W. 14. Mai 14 Recht 1914).

Hat ein Ehegatte mitgewirkt, den anderen Ehegatten zum Ehebruch zu verführen, um einen Scheidungsgrund zu gewinnen, so hat er den Ehebruch gewollt und gebilligt und kann sich hinterher nicht darauf berufen (R.G. IV. 4. Febr. 15. 464/14 (Dresden) Recht 1915). Zustimmung zum Ehebruch ist jederzeit widerruflich, auch wenn sie Bestandteil eines

---

1) Siehe § 51, 52, 54, 55—59. St.G.B.

weitergreifenden Vertrages war; doch kann solchenfalls dem Ehebrecher guter Glaube zugebilligt werden (R.G. IV, 22. 4. 12 Recht 1912).

Hat der Kläger an dem schuldhaften Handeln der Beklagten teilgenommen, so entfällt letzteres als Scheidungsgrund.

Vom ärztlichen Standpunkte[1]) aus ist hinzuzufügen, daß bisweilen aus sozialen Gründen zur Vermeidung zu häufiger Schwangerschaften die Ehegattin dem Manne gestattet, seine sexuellen Bedürfnisse anderweitig zu befriedigen. —

Schwierigkeiten in der Beurteilung der Schuldfrage bereiten bisweilen die Fälle von Manie.

Es ist bekannt, daß auch schon bei den leichteren Formen der Manie auf sexuellem Gebiete Exzesse begangen werden. Ich habe vor Jahren z. B. eine gebildete Dame gesehen, die beim Einsetzen einer Manie die eheliche Wohnung verließ, sich am gleichen Tage mit mehreren an einem Neubau beschäftigten Bauarbeitern geschlechtlich einließ und in diesem Neubau mehrere Tage nächtigte, bis man sie in die Anstalt brachte.

Ich behandele ferner einen alten Herrn, der jedesmal, wenn eine neue Manie bei ihm ausbricht, die, wie ich hinzufügen möchte, dem Laien nicht leicht als krankhaft imponiert, zu derselben Frauensperson zurückkehrt. Schuldhaft handeln diese Kranken nicht, aber es ist für den Sachverständigen außerordentlich schwer, das Vorliegen einer die freie Willensbestimmung ausschließenden geistigen Erkrankung deutlich zu machen.

Es gibt auch Fälle von chronischer Hypomanie, bei denen es zu serienweisen Exzessen kommt. —

Leichter als krankhaft zu deuten sind die im Beginn der Gehirnerweichung vorkommenden Ehebrüche. —

Neuerdings, d. h. nach dem Kriege, kommt man auch öfters in die Lage, Kriegsneurotiker bezgl. schuldhaften Handelns zu beurteilen. Die meisten, welche ich gesehen habe, hielt ich nicht für so krank, daß ihre freie Willensbestimmung ausgeschlossen gewesen wäre, namentlich dann nicht, wenn es sich nicht um vereinzelte Entgleisungen, sondern um die Anbahnung von Dauerverhältnissen handelte. —

---

1) Siehe auch Proal: L'adultère de la femme Arch. d'anthrop, crim. 1900.

Selbstverständlich ist, daß ein Geschäftsunfähiger keine rechtsgültige „Zustimmung" erteilen kann. —

Außer Ehebruch stellt auch Doppelehe (§ 171) und widernatürliche Unzucht (§175 St.G.B.) einen Scheidungsgrund i. S. des § 1565 dar).

b) Lebensnachstellung.

§ 1566. Ein Ehegatte kann auf Scheidung klagen, wenn der andere Ehegatte ihm nach dem Leben trachtet.

„Ein Ehegatte trachtet dem anderen nach dem Leben, wenn er sich erkennbar mit der Absicht trägt, ihn zu töten" (Comm. der Reichsg. R.). Nicht erforderlich ist, daß der Ehegatte bereits mit der Ausführung der Absicht begonnen hat. Insbesondere verlangt das Gesetz nicht den Tatbestand des strafbaren Versuchs. Lebensgefährliche Mißhandlung und Bedrohung mit Tötung ist kein unter § 1566 fallender Scheidungsgrund, kann aber unter § 1568 fallen. —

Wie ich bereits kurz in meinem Lehrbuch angedeutet habe, handelt es sich bei den Gattenmördern auffallend oft um pathologische Persönlichkeiten. Es gibt unter ihnen sogar ausgesprochene Geisteskranke. So habe ich z. B. eine melancholische Frau gesehen, die den Mann und die Kinder infolge von Verarmungswahn tötete. Auch chronische Paranoiker begehen Gattenmorde.

Die schwer psychisch Gestörten sind aber nach meinen Erfahrungen in der Minderzahl. Häufiger handelt es sich um Entartete, Hysterische, Trinker und Schwachsinnige.

Während bei Trinkern häufig und bei Hysterischen etwas seltener krankhafte Eifersucht als Motiv eine Rolle spielt, handelt es sich bei den übrigen Fällen entweder darum, daß ein unbequemer Ehegatte beseitigt werden soll, damit ein bereits begonnenes Liebesverhältnis ungestörter fortgesetzt werden kann, oder Habgier und Gewinnsucht sind die Beweggründe. Die Zurechnungsfähigkeit ist nur bei einem kleinen Teil aufgehoben.

Vielfach zeichnen sich die von Frauen begangenen Gattenmorde durch besondere Grausamkeit aus. So habe ich die Akten eines Falles gelesen, in dem die Ehefrau gemeinsam mit mehreren Liebhabern den Mann erst mit kochendem Wasser begoß und dann zum Fenster hinau warf.

c) Bösliches Verlassen.

§ 1567. Ein Ehegatte kann auf Scheidung klagen, wenn der andere Ehegatte ihn böslich verlassen hat.

Bösliche Verlassung liegt nur vor:

1. Wenn ein Ehegatte, nachdem er zur Herstellung der häuslichen Gemeinschaft rechtskräftig verurteilt worden ist, ein Jahr lang gegen den Willen des anderen Ehegatten in böslicher Absicht dem Urteile nicht Folge geleistet hat.

2. Wenn ein Ehegatte sich ein Jahr lang gegen den Willen des anderen Ehegatten in böslicher Absicht von der häuslichen Gemeinschaft fern gehalten hat und die Voraussetzungen für die öffentliche Zustellung seit Jahresfrist gegen ihn bestanden haben.

Die Scheidung ist im Falle des Abs. 2 Nr. 2 unzulässig, wenn die Voraussetzungen für die öffentliche Zustellung am Schlusse der mündlichen Verhandlung, auf die das Urteil ergeht, nicht mehr bestehen.

Bösliches Verlassen ist die „aus bösem Willen hervorgegangene Zerreißung der häuslichen Gemeinschaft" (Recht 07 Nr. 310).

Die Scheidung wegen böslicher Verlassung setzt genügendes Verständnis für die Bedeutung des Herstellungsurteils und entsprechende Willenskraft bei dem fernbleibenden Gatten voraus (B.G.IV. 1. März 17. 390/16 (Stettin) Recht 1917).

Scheidung darf der Richter nur aussprechen, wenn er die Überzeugung gewinnt, daß das Getrenntleben nicht im Einverständnis der Eheleute geschieht (B.G. VII. 3. Dez. 18. 183/18 Celle Recht 1919).

Die Voraussetzungen für die Scheidungsklage sind nicht erfüllt, wenn der klagende Teil auch nur während eines Teiles des Jahres mit dem Fernbleiben des anderen Teils einverstanden gewesen ist (R.G. IV. 3. 4. 13 Recht 1913).

Der Wunsch des verlassenen Eheteils, es möge nicht mehr zur Wiedervereinigung kommen, steht keineswegs einem Einverständnis mit dem Fernhalten des zur Rückkehr pflichtigen Gatten gleich (B.G. IV. 7. Juli 13. 155/13 (Celle) Recht 1913).

Ist die auf einjährige Nichtbefolgung des Herstellungsurteils gestützte Klage auf Scheidung wegen Verneinung der Böslichkeit abgewiesen, so ist damit dieses Herstellungsurteil erledigt. Ein nochmaliger Fristlauf findet nicht statt (R.G. IV. 14. Dez. 363/14 Recht 1915).

Durch Verzeihung wird das Urteil aus § 1567 Nr. 1 unwirksam (R. O. G. VII. Z. S. 27. 1. 1913 Jahrg. 1913).

Geistige und körperliche Erkrankungen können der Entfernung aus der häuslichen Gemeinschaft die Widerrechtlichkeit und damit die bösliche Absicht nehmen (vergl. J. W. 20. 3. 05 S. 232). Die Frist läuft dann erst vom Aufhören des Hindernisses ab.

Da, wo pathologische Persönlichkeiten in Betracht kommen, handelt es sich um Trinker, Entartete und Schwachsinnige.

Entscheidend ist in diesen Fällen, daß der Wille des der häuslichen Gemeinschaft Fernbleibenden auf Aufhebung der Gemeinschaft gerichtet ist. Dieser fehlt z. B. bei unfreiwilligem Anstalts- bezw. Krankenhausaufenthalt (Recht 1912 E. Nr. 194).

Wenn der sich fernhaltende Teil in Bewußtlosigkeit oder krankhafter Störung der Geistestätigkeit sich befand, durch welche die freie Willensbestimmung ausgeschlossen war, liegt bösliches Verlassen nicht vor.

Stellt sich das Verlangen auf Wiederherstellung als Mißbrauch dar, (vergl. eheliche Lebensgemeinschaft), so ist der andere Ehegatte nicht verpflichtet, dem Verlangen Folge zu leisten.

Entschieden sind folgende Fälle:

Häufiges Angetrunkensein des Mannes bei vorhandener Nervosität der Frau, wenn zu befürchten steht, daß bei weiterem Zusammenleben letztere seelisch zugrunde geht (I. W. Beil. 14).

Wenn ein Ehegatte in einer Gemütskrankheit die häusliche Gemeinschaft aufhebt und eine Wiedervereinigung geeignet ist, den Wiederausbruch der Krankheit herbeizuführen (Recht 1918 Nr. 725).

VIII. Relative Scheidungsgründe.

a) Ehescheidung wegen Verletzung der durch die Ehe begründeten Pflichten.

§ 1568. Ein Ehegatte kann auf Scheidung klagen, wenn der andere Ehegatte durch schwere Verletzung der durch die Ehe begründeten Pflichten, oder durch ehrloses oder unsittliches Verhalten eine so tiefe Zerrüttung des ehelichen Verhältnisses verschuldet hat, daß dem Ehegatten die Fortsetzung der Ehe nicht zugemutet werden kann. Als schwere Verletzung der Pflichten gilt auch grobe Mißhandlung.

Nach diesem Paragraphen kann auf Scheidung geklagt werden, wenn

1. der beklagte Ehegatte schuldhaft gehandelt hat, und zwar

2. indem er eine schwere Verletzung der durch die Ehe begründeten Pflichten beging, oder ein ehrloses und unsittliches Verhalten zeigte und

3. dadurch eine so tiefe Zerrüttung des ehelichen Verhältnisses bewirkte, daß dem anderen Ehegatten die Fortsetzung der Ehe nicht zugemutet werden kann.

1. Schuldhaft handelte jeder, der geschäftsfähig war, als er das in Betracht kommende Verhalten zeigte. Ein wegen Geisteskrankheit Entmündigter kann demnach nicht schuldhaft handeln, wohl aber ein wegen Geistesschwäche Entmündigter (vergl. I. W. 1907, 473). Daß das Reichsgericht den Kreis der nicht schuldhaft Handelnden eng ziehen wollte, geht aus einer Entscheidung (R. G. IV. 25. 1. 18) hervor, in der gesagt ist, „daß schon die Möglichkeit der Beherrschung krankhafter Erregungszustände zur Feststellung des Verschuldens bei der Ehezerrüttung genüge."

Dieser Standpunkt ist durch folgende Entscheidung gemildert worden:

Die Scheidung kann auch dadurch ausgeschlossen sein, daß die Eheverfehlungen dem schuldigen Gatten wegen Nervenzerrüttung nicht voll anzurechnen sind" (R.G.V. Juni 1918, s. auch W. 03 Beilage 27 [56]).

Daraus soll für die Schuldfrage wohl folgendes geschlossen werden:

1. Die schwerste Zerrüttung des ehelichen Verhältnisses kann dem Ehegatten, der sie bewirkt hat, nicht als Schuld angerechnet werden, wenn er sich bei Begehung derselben in einem Zustande von Bewußtlosigkeit oder krankhafter Störung der Geistestätigkeit befand, durch welchen die freie Willensbestimmung ausgeschlossen war.

2. Es gibt vermindert Zurechnungsfähige (vergl. Entwurf zum neuen St.G.B.). Ihre freie Willensbestimmung ist nicht ausgeschlossen. Sie handeln aber nicht so schuldhaft wie der Normale.

---

1) Litten: Mon. schr. für Krim. psychol. Bd. 1 S. 397.

Der verminderten Schuld soll ein geringerer Rechtsnachteil entsprechen. Diese Ansicht stimmt mit den in den Motiven niedergelegten Grundsätzen bezgl. der Schuldfrage überein.

Es ist deshalb auch nicht verwunderlich, wenn andere — außerhalb des Psychiatrischen liegende — Milderungsgründe gleichfalls Berücksichtigung finden, wie z. B. Gutgläubigkeit bei der Verbreitung von Beleidigungen (R.G. IV. 26. III. 14 Recht 1914) oder wirtschaftliche Not, hervorgerufen durch Verschulden des anderen Gatten.

Die Wiederaufnahme des nicht geschlechtlichen Verkehrs einer verheirateten Frau mit einem 75jährigen Manne, mit dem sie vor der Ehe Geschlechtsverkehr gepflogen hatte, enthält dann keine schwere Eheverfehlung, wenn sie nur erfolgte, weil der Ehemann sie nach ihrer Entlassung aus dem Irrenhause im Stich gelassen hatte und sie deshalb diese Unterkunft suchen mußte. Anders wenn sie ohne dringende Veranlassung die Beziehungen wieder aufnahm und dabei geistig wieder völlig hergestellt war (R.G. IV. 25. II. Recht 1910).

Das Reichsgericht spricht sowohl in dem bekannten Kommentar, wie auch in verschiedenen Entscheidungen aus, daß das Verschulden i. S. des § 1568 „im Willen und im Bewußtsein des Handelnden gesucht werden muß", nicht in der ungewollten Wirkung seiner Handlungen (J. W. 1911, 48 [37]). Eine Entscheidung, in der das näher ausgeführt ist, lautet folgendermaßen:

Hypochondrisches von steter Krankheitsfurcht beeinflußtes Wesen und übertriebene Frömmelei des Mannes bilden keinen Scheidungsgrund, auch wenn er durch seine Versuche, die Frau zu seinen Anschauungen zu bekehren, sie erheblich belästigt hat.

Es kann keine Rede davon sein, daß dies als ein unsittliches Verhalten angesehen werden könnte. Aber auch eine schwere Verletzung der Ehepflichten gemäß § 1568 B.G.B. kann darin nicht erblickt werden. § 1568 setzt ein Verschulden voraus, und an einem solchen fehlt es hier. Der Beklagte war bei den Versuchen, seine Frau zu seinen religiösen Anschauungen zu bekehren, unverkennbar von dem Bestreben geleitet, zu ihrem Besten zu handeln, ihr Wohlergehen zu fördern; das gleiche war der Fall, wenn er ihr Ratschläge zu der Erhaltung der Gesundheit gab. Bei der übertriebenen Sorge für seine Gesundheit handelte er zwar in erster Linie in seinem eigenen Interesse; aber es fehlte ihm das Bewußtsein, daß die von ihm für begründet gehaltene Sorge gegenüber seiner Frau enezerrüttend wirken könnte. Wenn nun auch seine gut gemeinten Bestrebungen ihn tatsächlich zu einem Verhalten führten, welches von seiner Frau mit Fug als erhebliche Belästigung empfunden wurde, so kann das doch kein Verschulden begründen. Das Verschulden im Sinne des § 1568 muß im Willen und im Bewußtsein des Handelnden gesucht werden, nicht in der ungewollten Wirkung seiner Handlungen. Es läßt sich auch nicht, wie die Klägerin will, eine schuldhafte Verletzung der Ehe-

pflichten darin finden, daß Beklagter es unterlassen habe, gegen seine vorerwähnten Neigungen anzukämpfen, da er doch einmal des guten Glauben war, daß sein Verhalten seiner Familie förderlich sei (R.G. IV. 20. 10. 10. Das Recht 1910 Nr. 4100).

Ich kann mich des Eindrucks nicht erwehren, daß die in Frage kommenden Gerichte in dem vorliegenden Falle über die Persönlichkeit eines solchen Hypochonders nicht genügend unterrichtet waren, sonst wäre es ihnen wahrscheinlich nicht zweifelhaft gewesen, daß dem Betreffenden schon allein aus dem Widerstand, dem seine religiösen und gesundheitlichen Bestrebungen begegneten, zum „Bewußtsein" kommen mußte, daß er lästig fiel, dadurch seine Frau verstimmte und so ehezerrüttend wirkte.

Er mußte den Eintritt der ehelichen Zerrüttung voraussehen, zum wenigsten aber an die Möglichkeit einer ehezerrüttenden Wirkung seines Verhaltens denken (R.G. 25. 2. 09. IV. 292/08).

Man kann bei solchen Persönlichkeiten mitunter sogar daran denken, daß sie deshalb, weil sie bei dem anderen Ehepartner kein Entgegenkommen finden, ihn schließlich auch bewußt quälen. Wo sich das nachweisen läßt, hat das Verschulden des Beklagten auch in seinem Willen gelegen.

Ich glaubte die vorstehenden medizinischen Ausführungen deshalb machen zu sollen, weil ich zu besonders sorgfältiger Prüfung der Frage, ob der Erfolg einer Handlung im Willen und Bewußtsein des Täters lag, gerade bei pathologischen Persönlichkeiten anregen wollte.

Nehmen wir aber nun einmal an, die Auffassung des Reichsgerichts sei richtig gewesen. Dann beweisen derartige Fälle meines Erachtens einwandfrei, daß unser Ehescheidungsrecht lückenhaft ist. Denn was es bedeutet, an einen hypochondrischen Quacksalber und Frömmler für ein ganzes Leben gekettet zu sein, das kann nur der voll würdigen, der mit solchen Menschen länger zusammengelebt, oder sie als Dauerpatienten in der ärztlichen Sprechstunde kennen gelernt hat.

Unser Recht gestattet es einem Unfallverletzten, die Vornahme eines einmaligen relativ harmlosen, aber schmerzhaften Eingriffes in die Integrität seines Körpers, welcher zur Besserung seines Leidens notwendig ist, abzulehnen. Eine mit einem behandlungsfreudigen Hypochonder verheiratete Frau muß aber jahraus jahrein Pulver, Pillen und

Mixturen nehmen, sich Umschläge machen und andere Prozeduren über sich ergehen lassen, obwohl ihr nichts fehlt. Sie kann sich ihrem Peiniger auch nicht so leicht entziehen, wie der Kranke einem Arzt, zu dem er kein Vertrauen hat. Vom Standpunkt der Menschlichkeit ist deshalb jede Erleichterung der Scheidung einer solchen Ehe freudig zu begrüßen.

Wenn man die Schuldfrage in Bezug auf § 1568 B.G.B. erörtert, dann muß man auch auf die Frage der sog. „Kompensationen“ [1]) eingehen.

Die obersten Gerichte haben in einer ganzen Reihe von Entscheidungen hierzu Stellung genommen, von denen ich einige hier folgen lasse.

Trotzdem grundsätzlich eine Aufrechnung dem Scheidungsrechte des B.G.B. fremd ist, kann der Umstand, daß auch der die Scheidung begehrende Ehegatte derselben Verfehlungen, auf die er die Klage stützt, oder anderer schwerer Verletzungen der Ehepflichten sich schuldig gemacht hat, auf die Beurteilung der Zulässigkeit der Scheidung in doppelter Hinsicht von Einfluß sein, einmal, indem sein eigenes ehewidriges Verhalten das zum Scheidungsgrunde gemachte Verhalten des anderen Ehegatten in anderem Lichte erscheinen läßt, ihm den Charakter einer schweren Eheverfehlung nimmt, und sodann in der Richtung, daß die der Klage zugrunde gelegten Tatsachen, vom subjektiven Standpunkte des klagenden Teils aus betrachtet, nicht geeignet sind, eine eheliche Gesinnung zu zerstören und ihm die Fortsetzung der Ehe unerträglich zu machen. In vorliegendem Falle (in dem sich jeder der Ehegatten durch Unterhaltung eines Liebesverhältnisses einer Verfehlung im Sinne von § 1568 schuldig gemacht hat) trifft keine von beiden zu. Die Verfehlung jeder der beiden Ehegatten bleibt eine schwere trotz der gleichen Schuld des andren und gerade das vollständige Sichabwenden eines Ehegatten vom anderen und das von Liebe getragene Sichanschließen an eine andere Person sind Tatsachen, die ganz regelmäßig und in besonderem Maße geeignet sind, auf die eheliche Gesinnung vernichtend zu wirken. Es muß daher auch den Parteien geglaubt werden, daß jede Neigung zu einander vollständig ausgelöscht ist. Würde aber jede Partei die Fortsetzung der Ehe als eine unerträgliche Last empfinden müssen, so muß damit auch die Frage verneint werden, ob ihr diese zugemutet werden könne (Rechtspr. der O.L.G. 1913, Urt. v. 26. II. 1912).

Zwei bis dreimonatliche Weigerung des Geschlechtsverkehrs berechtigt den Mann nicht, die Scheidung zu verlangen, wenn er oft angetrunken gewesen ist, mit der Frau Streit angefangen und sie mißhandelt hat (R.O.L.G. Bd. 21. S. 238 Recht 1911).

Widerrechtliches Öffnen eines Briefes, Vorwurf der Unterschlagung, Ausspucken, in die Hand beißen und Umbiegen eines Daumens sind keine schweren Eheverfehlungen der Frau, wenn der Mann mit Beschimpfungen

1) Neubecker. J. W. 1919.

und Mißhandlungen angefangen und geohrfeigt hat (R.G. IV. 22. X. 10. Recht 1911).

Sind die viel leichteren Eheverfehlungen der Frau (Schimpfworte) durch die außerordentlich schweren Verfehlungen des Mannes (Schimpfworte, Drohungen, rohe Mißhandlungen) hervorgerufen, so können die ersteren zwar als Verletzungen der ehelichen Pflichten, aber nicht als schwere Verletzungen dieser Pflichten angesehen werden (R. G. IV. 28. II. 10. Recht 1910).

Abwägung der beiderseitigen Verfehlungen muß auch dann stattfinden, wenn sie nicht in ursprünglichem Zusammenhang zueinander stehen und weder Widerklage noch Mitschuldantrag gestellt ist (R.G. IV. 1C. 1. 16 Recht 1916).

Die obersten Gerichte wollen mit dieser Art der Rechtssprechung zu möglichst genauer Abwägung des Verschuldens beider Ehegatten anregen. Es liegt darin der sehr richtige Grundgedanke, daß außerordentlich häufig beide Gatten, in vieler Beziehung vielleicht unwissentlich, zu der Entfremdung beigetragen haben. Und doch ist dieses Verfahren nicht ganz bedenkenfrei. Zunächst wird dabei vom Richter sehr viel verlangt. Er sieht die Parteien nur flüchtig. Zu einer systematischen Prüfung der Ehegatten hat er weder Zeit, noch auch die Möglichkeit. Schuld abwägen kann man allenfalls, wenn man beide Teile gut kennt, und auch dann irrt man leicht. Wie viel mehr muß das der Fall sein, wenn die Kenntnis der Persönlichkeiten eine unvollkommene ist!

Wer sich die Mühe nimmt, stets beide Parteien psychiatrisch anzusehen, der weiß, daß trotz mehrstündiger Untersuchung Eigenschaften, die im praktischen Leben von hoher Bedeutung sind, im Untersuchungszimmer nicht hervortreten. Auch die sorgfältigste Besprechung des Akteninhaltes und Berücksichtigung der Zeugenaussagen gibt nicht immer ein klares Bild von dem Verschulden der beiden Parteien.

Dazu kommt noch ein weiteres. Wenn es in einer Ehe zu häufigen Beleidigungen und Prügeleien kommt, an denen beide Teile schuldig sind, so ist die Bedeutung dieser Tatsache für die Zerrüttung des ehelichen Verhältnisses eine sehr verschiedenartige. In einem Falle nimmt der mißhandelte Teil (meist die Frau) das Ganze stumm als eine Schicksalsfügung hin, gegen die man nicht ankämpfen kann, im anderen Falle duldet sie der Kinder wegen, oder weil sie mittellos ist, alles, einer dritten ist es aber trotz besten Willens nicht möglich, auch nur die Andeutung einer ehelichen

Gesinnung zu bewahren, und das sind oft die psychisch Höherorganisierten.

Gerade bei den Verfehlungen des § 1568 ist deshalb die Berücksichtigung des subjektiven Empfindens beider Gatten unbedingt erforderlich. Denn von diesem subjektiven Empfinden hängt es ab, ob eine so tiefe Zerrüttung des ehelichen Verhältnisses entstanden ist, daß dem Ehegatten die Fortsetzung der Ehe nicht zugemutet werden kann.

Die Verhältnisse liegen in vielen dieser Ehen so schwierig, daß es meiner Ansicht nach auch dem besten Richter nicht möglich ist, gerecht zu urteilen. Und das beweist wiederum, daß es nicht richtig war, den § 1568 auf dem Prinzip des Verschuldens aufzubauen.

Ich sagte oben schon, daß ich in mehreren Fällen, in denen ich gerichtliche Gutachten über einen Fall zu erstatten hatte, auch den anderen Ehegatten psychiatrisch untersuchte und fast regelmäßig war das Ergebnis für mich das, daß da zwei Menschen zusammengekommen waren, die nicht zusammen paßten und bei denen es trotz guten Willens unfehlbar auch in Zukunft zu Reibungen kommen mußte. —

Nachdem wir die Schuldfrage erörtert haben, müssen wir nun kurz auf die übrigen im § 1568 enthaltenen Rechtsbegriffe eingehen.

Die Schwere der Verletzung der durch die Ehe begründeten Pflichten kann aus ihrer Beschaffenheit und der Stärke des Verletzungswillens hervorgehen. Eine Pflichtverletzung wird sich regelmäßig dann als schwer darstellen, wenn der Ehegatte eine besonders wichtige Pflicht unmittelbar und mit einer Rücksichtslosigkeit verletzt, die einen gänzlichen Mangel an ehelicher Gesinnung bekundet (Komm. der R.G.-Räte).

In Betracht kommen Einzelhandlungen, aber auch das Gesamtverhalten des beklagten Ehegatten.

Die durch die Ehe begründeten Pflichten lassen sich nicht erschöpfend aufzählen. In den mir bekannt gewordenen Entscheidungen [1]) sind als Verletzungen dieser Pflichten angegeben:

---

1) Ich möchte nicht unterlassen, darauf hinzuweisen, wie in der obigen Zusammenstellung die Scheidungsgründe, welche das preußische Allgemeine Landrecht kannte, wiederkehren.

Mißhandlungen (R.G. IV. 21. 3. 10; Recht 10. u. 28. II. 10; Recht 1910.

Üble Nachrede (Recht 1914 R.G. IV. 26. 3. 10; R.G. IV. 9. III. 14; Recht 1914; R.G. IV. 11. 15; Recht 1916).

Falsche Anschuldigung (R.G. IV. 25. XI. 15; Recht 1916).

Hartnäckige Beischlafsverweigerung (R.G. VII. 4. 4. 16; 8. 10. 10; Recht 1910, 15. 10. 14; Recht 15).

Aufforderung zum außerehelichen Geschlechtsverkehr (R.G. IV. 5. 3. 17; Recht 17. 9. 12. 10; Recht 1911).

Äußerungen über die Intimitäten des Ehelebens (R.G. II. 16. 1. 14; Recht 10, R.G. VI. 15. II. 15; Recht 15).

Unterstützungen eines Prozeßgegners des Mannes (R.G. IV. 3. 1. 10; Recht 1910).

Ausspionierenlassen durch Detektive und Ähnl. (R.G. IV. 25. 4. 10; Recht 10; dagegen R.G. IV. 4. 4. 10; Recht 1910, 4. 2. 15; Recht 1915, R.G. IV. 7. 3. 14; Recht 14).

Beleidigungen (R.G. 4. 4. 10, Recht 10).

Aufstellung unwahrer Behauptungen im Scheidungsprozeß (R.G. IV. 20. 1. 10; Recht 1910 R.G. IV. 19. 1. 18, Recht 1914, R.G. IV. 30. 6. 18; Recht 18).

Verletzung der Unterhaltspflicht (E.R.G. 1911, s. auch Recht 1915, 14. XI. 14; Recht 1915).

Hartnäckiges Fernhalten von der häuslichen Gemeinschaft (R.G. IV. 19. 10. 14; Recht 1915).

Unsittliches Verhalten (R.G. IV. 15. XI. 13; Recht 1914, R.G. IV. 13. 3. 13; Recht 1913).

Strafanzeigen (R.G. IV. 7. 4. 14; Recht 14).

Uebertragung von ansteckenden Krankheiten (R.G. IV. 30. 4. 14; Recht 1914).

Verlobung eines Ehegatten während der Ehe (J.W. 1911, 983[19]).

Unwürdige Behandlung (J.W. 1911 S. 589[35]).

Vernachlässigung der Hausfrauenpflichten und Unsauberkeit (J.W. 1912, S. 352[18]). —

Ehrloses oder unsittliches Verhalten stellen Verbrechen und Vergehen dar, auch wenn Bestrafung nicht erfolgt ist (J.W. 1912 S. 871[31]). Ferner die Ergreifung eines schimpflichen Gewerbes (Wucher, Bordell), Vornahme unzüchtiger Handlungen, Lebensnachstellung gegen nahe Verwandte, Verweigerung der vorher vereinbarten kirchlichen Trauung, anstößiges, den Verdacht des Ehebruchs erweckendes Verhalten (Komment. der Reichsger.-Räte).

Lebensstellung, Erziehung und persönliches Empfinden müssen berücksichtigt werden. Unter Umständen können grobe Entgleisungen in gesellschaftlicher Beziehung als ehrloses oder unsittliches Verhalten aufgefaßt werden (J.W. 1903).

Wiederholt hat das Reichsgericht auch beharrliche Trunksucht als hierher gehörig bezeichnet (J.W. 1911 S. 369[27]). Unverbesserlichkeit wird dabei nicht vorausgesetzt (R.G. 04, 473[13]). Unsittliches Verhalten kann auch angenommen werden, wenn ein Mann trinkt, ohne daß Trunksucht vorliegt (R.G. 68, 124).

Zerrüttung des ehelichen Verhältnisses.

Bei der Frage, ob die Ehezerrüttung überhaupt besteht, kommt es nicht auf das Urteil des Berufungsrichters, sondern auf das tatsächliche Bestehen einer Entfremdung auf seiten des verletzten Ehegatten an. Die unter objektiven, dem Wesen der Ehe entnommenen Gesichtspunkten zu beurteilende Frage, ob mit Rücksicht auf die Tiefe der Zerrüttung die Zumutung einer Fortsetzung der Ehe dem verletzten Ehegatten gegenüber ausgeschlossen sei, kann der Regel nach nicht ohne ein näheres Eingehen auf die dem schuldigen Teil zur Last fallenden Verfehlungen entschieden werden (R.G. IV. 13. 1. 10; Recht 1910).

Die völlige Vernichtung der ehelichen Gesinnung kann einseitig bei dem einen Gatten bestehen (R.G. IV. 29. II. 15; Recht 1916).

Die Behauptung unheilbarer Vertiefung der an sich zugegebenen Ehezerrüttung kann aus dem ganzen Zusammenhang des Vorbringens entnommen werden (R.G. IV. 3. 1. 13; Recht 1918).

Die Zerrüttung muß z. Zt. der letzten mündlichen Verhandlung bestehen (R.G. Warneyer 1913 Nr. 295). —

Einem Ehegatten kann die Fortsetzung der Ehe als Erfüllung einer Rechtspflicht dann nicht zugemutet werden, wenn anzunehmen ist, daß seine eheliche Gesinnung durch die Pflichtverletzung des anderen Ehegatten völlig und unwiederbringlich zerstört worden ist, er also die Fortsetzung der Ehe als eine unerträgliche Last empfinden würde. Diese Voraussetzung muß sich sowohl allgemein aus dem Wesen der Ehe als auch im Einzelfall aus dem persönlichen Empfinden des Ehegatten ergeben (R.G. J. W. 05 S. 496[24]). Wichtig sind noch folgende Entscheidungen:

Die Frage, ob bei ehewidrigem Verhalten eines Ehegatten dem anderen die Fortsetzung der Ehe zuzumuten ist, darf nicht allein nach dem persönlichen Empfinden des Letzteren beurteilt werden, vielmehr ist auch sein eigenes Verhalten zu berücksichtigen (R.G. IV. 12. 16; Recht 17).

Ob dem anderen Ehegatten die Fortsetzung der Ehe zuzumuten ist, ist nicht eine Tatfrage, sondern eine rechtliche Abwägung des beiderseitigen Verschuldens (R.G. IV. 13. X. 10; Recht 1910).

Die Scheidung kann nicht damit allein begründet werden, daß die Eheverletzung den Parteien nach „ihrer" Individualität, Stellung und Bildung nicht zugemutet werden könne (R.G. IV. 25. 10. 17; Recht 1918).

Fortdauernde unwürdige Behandlung der Ehefrau kann dazu führen, dem Ehemann die Fortsetzung der Ehe trotz der Verfehlungen der Ehefrau zuzumuten (R.G. IV. 15. Jan. 17; Recht 1917).

Grobe Mißhandlung.

Für die Beurteilung, ob eine Mißhandlung als grobe anzusehen und demgemäß eine schwere Eheverfehlung anzunehmen ist, ist nicht bloß auf die objektive Beschaffenheit der Verletzung, sondern auch auf die sonstigen Umstände des Falles, insbesondere auf den Grad des Verschuldens Rücksicht zu nehmen (R.G. IV. 15. 12. 13; Recht 1914).

Namentlich wenn sie als besonders rohe, das allgemeine Rechtsempfinden schwer verletzende Ausschreitung erscheint, ist die Mißhandlung als grobe anzusehen (R.G. 20. 9. 12. IV.).

Beweislast.

Der Scheidungskläger muß in vollem Umfange den Nachweis der die Ehescheidung begründenden Tatsachen und Vorgänge führen. Den Ehegatten, gegen den die Scheidungsklage erhoben wird, kann grundsätzlich keinerlei Beweislast treffen (R.G. 8. X. 16; Recht 1917). —

Obwohl der § 1568 geistige Abweichungen mit keinem Wort erwähnt, sind es gerade die „Grenzzustände", welche zu Entscheidungen der obersten Gerichte Anlaß gegeben haben. Ihre Wichtigkeit hatte Endemann [1]) bereits erkannt; andere Juristen, wie Juliusberger und Erhardt haben sie gleichfalls betont.

Unter Grenzzustände verstehen wir alle zwischen geistiger Gesundheit einerseits, geistiger Erkrankung andererseits liegenden seelischen Abweichungen. Es handelt sich dabei z. T. um angeborene Zustände, wie die Imbecillität (Schwachsinn), z. T. erworbene wie etwa den Alkoholismus, die Gehirnsyphilis und ähnliches.

Ich weiß wohl, daß ich damit den Begriff sehr w it ausdehne. Die praktische Zusammengehörigkeit der Zustände für unsere Zwecke läßt diese Auffassung wohl verständlich erscheinen. —

1) Endemann: Familienrecht. Erhardt l. c., Juliusberger l. c.

Ehe ich mich den Grenzzuständen zuwende, ist noch ein Wort über die normalen Gefühlsausbrüche voranzustellen.

Das Reichsgericht sagt darüber 1. daß Beleidigungen, die im Affekt ausgestoßen wurden, dann keinen Scheidungsgrund darstellen, wenn sie bei ruhiger Überlegung nicht aufrecht erhalten werden (J.W. 1902 S. 205). 2. erfahren wir, daß aufgeregtes Wesen, Zorn, seelische Erregung bei der Entscheidung der Frage, ob schwere Pflichtverletzung vorliegt, berücksichtigt werden können. Wenn infolge des Affektes die böse Absicht fehlte, bilden sie keinen Scheidungsgrund (Recht 1910 Nr. 1980). —

Daß das Geschlechtsleben in der Ehe eine hohe Bedeutung [1]) hat, ist gleichfalls bekannt. Wie ich schon oben erwähnte, stellen die gemeinsamen sexuellen Interessen in einzelnen Ehen eines der Hauptbindemittel dar.

Aber auch bei zwei Persönlichkeiten, die intellektuell und sittlich sehr hoch stehen, bedeuten sie für das eheliche Glück sehr viel. Es ist dabei leicht verständlich, daß Schwierigkeiten auf sexuellem Gebiete sehr nachhaltige Verstimmungen zwischen den Ehegatten hervorrufen müssen. Solche bleiben schon dann nicht aus, wenn zwischen der sexuellen Begehrlichkeit beider Gatten eine erhebliche Differenz besteht.

War der Mann der stärker Empfindende, dann habe ich der Frau weitgehende Rücksichtnahme empfohlen. Lag die größere Sinnlichkeit auf Seiten der Frau, so war die Gefahr einer Entgleisung und damit eines Zerfalls der Ehe besonders groß. Derartige Frauen sinken, wenn sie keinen gleichartigen Ehegatten finden, meist sehr rasch. Ich habe z. B. eine solche Nymphomanische begutachtet, die von einer Villenbesitzerin mit eigenem Fuhrwerk bis zur Strauchhure (um den polizeitechnischen Ausdruck zu gebrauchen) herabsank. Daß unter den Sensationsfällen von Gattenmord, die sich in den letzten 10 Jahren ereignet haben, zwei waren, in denen die Frauen ein krankhaft gesteigertes Geschlechtsbedürfnis hatten, ist kein Zufall.

Nicht selten fallen solche von gesteigerter Libido gequälten Menschen auch Erpressern in die Hände und sind zu

1) Horch (Sexualität und Ehescheid. Arch. f. Sex. Forsch. Ref. in Jahresb. über die Fortschr. d. ges. Neur. u. Psych. Bd. 20 S. 732) sieht in der Inkongruenz der Sexualität den Hauptgrund für Scheidungen.

Geldausgaben genötigt, die über ihre Verhältnisse gehen. Die aus diesen körperlichen und wirtschaftlichen Ursachen sich ergebenden Konflikte zerrütten dann die Ehe.

Besonders hervorzuheben ist noch eine Gruppe von Personen:

Karin Michaelis hat das Wort vom gefährlichen Alter geprägt. Auch ich habe Fälle gesehen, in denen gebildete Frauen von einwandsfreier Vergangenheit von einem unstillbaren Geschlechtsbedürfnis befallen wurden. Das geschah mitunter ganz plötzlich und in einer solchen Stärke, dabei mehrfach in so vorgerücktem Alter (einmal mit 62 Jahren), daß die Erkrankten zu den unglaublichsten Manipulationen schritten, um sich zu helfen.

Es handelt sich regelmäßig um Entartete. Einmal bestand Basedowsche Krankheit dabei. —

Die obersten Gerichte haben sich mit der Frage der übertriebenen geschlechtlichen Anforderungen auch beschäftigt und zwar deshalb, weil der weniger erotische Ehegatte durch die abnorme Inanspruchnahme nervös geworden war. Die Entscheidung lautet folgendermaßen:

> Je nach Lage des Falles kann in übermäßigen geschlechtlichen Anforderungen des Mannes an seine Frau eine Verfehlung nach § 1568, ja sogar eine schwere Verfehlung gefunden werden, wenn der Mann hierdurch in dem Bewußtsein der Möglichkeit einer solchen Wirkung die Gesundheit der Frau schädigt, denn die Ehe, welche auf sittlicher Grundlage beruht, setzt ein naturgemäß innerhalb der Grenzen der Vernunft, des Anstandes und der Wahrung gegenseitiger Liebe und Achtung sich bewegendes Geschlechtsleben voraus, und das Gebot der Liebe und Achtung legt dem Ehegatten in gewissem Grade auch die Pflicht zur Schonung des anderen auf. Die Verletzung dieser Pflicht wird sich als Verletzung der durch die Ehe begründeten Pflichten überhaupt darstellen; Geschlechtsverkehr unter Schädigung der Gesundheit des anderen Ehegatten wäre ein Mißbrauch (R.O.L.G. 1912, Urt. v. 28. III. 1911). —

Wie schon aus den verschiedensten weiter oben zitierten Entscheidungen hervorgeht, spielt „hartnäckige Beischlafsverweigerung" unter den Gründen, welche zur Scheidung gemäß § 1568 berechtigen, eine gewichtige Rolle.

Dieses Verhalten kann die verschiedensten Ursachen haben. Wenn ich von dem natürlichsten und häufigsten Falle, daß eine Entfremdung zwischen den Ehegatten eingetreten ist, absehe, so kann z. B. anstößiges Verhalten des einen Teils beim intimen Zusammensein so abstoßend auf den anderen wirken, daß er versagt.

Bei der Frau bilden manchmal lokale Schmerzen den Grund für die Weigerung. Weiter kommen in Betracht Angstzustände und der sog. Scheidenkrampf (Vaginismus).

Schließlich gibt es Menschen, bei denen gegen normale Betätigung eine abnorme Abneigung besteht, während sie durch Onanie Befriedigung finden. Auch solche Persönlichkeiten verweigern bisweilen den Beischlaf.

Die Rechtsprechung erkennt „hartnäckige Beischlafsverweigerung" als Ehescheidungsgrund an (J. W. 1910 S. 1005).

Zwei- bis dreimonatige Weigerung des Geschlechtsverkehrs berechtigt den Mann nicht, die Scheidung zu verlangen, wenn er oft angetrunken gewesen ist, mit der Frau Streit angefangen und sie mißhandelt hat (Recht 1911 Nr. 92). Gewohnheitsmäßige Onanie stellt, auch wenn sie unter einem unwiderstehlichen psychologischen Zwange erfolgt, ein unsittliches Verhalten dar (Recht 1909 Nr. 2428).

Die von den eben geschilderten Zuständen zu unterscheidende sexuelle Impotenz (Beischlafsunfähigkeit), von der schon bei Erörterung des § 1333 die Rede war, ist als Ehescheidungsgrund folgendermaßen beurteilt worden:

Wenn auch das Unvermögen zur Leistung der ehelichen Pflicht für sich und als solches keinen Scheidungsgrund bildet, so ist es doch nicht ausgeschlossen, daß die Herbeiführung des Unvermögens durch schuldvolles unsittliches Verhalten den anderen Ehegatten berechtigt, auf Grund des § 1568 die Scheidung zu verlangen (Recht 1901 Nr. 476).

Sehr berechtigt ist die folgende Entscheidung:

Die Ehefrau ist nicht verpflichtet, sich zu stets wiederholten erfolglosen Beischlafsversuchen herzugeben, wenn der Ehemann ihrem Verlangen nicht nachkommt, einen Arzt zu Rate zu ziehen (R.G. IV. 10. Mai 17, Recht 1917).

Ich habe mehrfach in der Sprechstunde Frauen gesehen, die unter den angedeuteten Verhältnissen sehr litten. —

Bezgl. der Homosexuellen[1]), Sadisten, Masochisten und der übrigen Perversitäten möchte ich auf meine Ausführungen zum § 1333 verweisen, denen nichts zuzusetzen ist. —

Da die Bedeutung des Geschlechtslebens für das Wohlbefinden der Mehrzahl aller Menschen eine sehr große ist, ist eine möglichst milde Handhabung der Bestimmungen des § 1568 zugunsten des Scheidung begehrenden Teiles dem Richter angelegentlichst zu empfehlen. —

1) M. Hirschfeld: Jahrb. f. sexuelle Zwischenstufen 1901.

Wenn ich von den sexuellen Störungen gesondert gesprochen habe, so geschah dies wegen ihrer praktischen Wichtigkeit. Wie ich aber schon mehrfach betont habe, sind die Persönlichkeiten, die von solchen sexuellen Abweichungen befallen sind, meist Entartete, Neurastheniker und ähnliche.

Diese „Neurosen" im weitesten Sinne gehören gerade zu denen, die im Eheleben noch nach anderer Richtung hin Schwierigkeiten machen[1]).

Der Neurastheniker und Hypochonder ist meist mißgestimmt, reizbar, empfindlich, egoistisch. Schon aus diesen Eigenschaften resultieren Differenzen mit Frau und Kindern. Nichts kann ihm recht gemacht werden. Die Kinder dürfen sich nicht rühren, ohne „ihm auf die Nerven zu fallen". Er verlangt für sich jede Rücksicht, nimmt auf die anderen keine. Er läßt sich u. U. von seiner Frau miternähren, sorgt nur für sich, daß ihm an Essen, Trinken, Medikamenten und ähnlichem nichts fehlt. Und wenn die anderen krank sind, ist das nicht so schlimm, gibt ihm jedenfalls keinen Anlaß, sich eine Annehmlichkeit zu entziehen.

Wenn ein Hypochonder seine Behandlungsversuche auch noch auf die Familie ausdehnt, dann kommen solche Zustände heraus, wie sie in der weiter oben erörterten Reichsgerichtsentscheidung geschildert sind. —

Die letzten Jahre haben uns noch einen neuen Typ gebracht, den des Kriegsneurotikers[2]).

Die jahrelange Entfernung aus der Familie, die durch den Krieg bewirkte Verwilderung und die durch Aufregungen und Strapazen hervorgerufene Nervosität bewirken bei manchen Kriegsneurotikern, daß sie sich in dem geordneten Familienleben nicht wohl fühlen, Frau und Kinder mißhandeln, sich zu stetiger Arbeit nicht zwingen können, mitunter sogar andere unsoziale Eigenschaften, wie Neigung zu Diebstählen, zeigen. Ein Teil dieser Fälle ist auch dem Trunke ergeben. War der Mann längere Zeit in einer anderen Garnison, so

1) Es ist nicht Zweck der nachstehenden Ausführungen, eine erschöpfende Symptomatologie der einzelnen Krankheitsbilder zu geben. Es soll vielmehr nur auf einige für unser Thema praktisch wichtige Symptome hingewiesen werden.

2) Siehe hierzu W. Mittermaier. Der Ehebruch. (Abhandlungen aus dem Gebiete der Sexualforschung Band II, Heft 1.) Bonn 1919 A. Marcus und E Webers Verlag.

hat er nicht selten auch ein anderes Liebesverhältnis angeknüpft.

Die Frau andererseits ist dadurch, daß sie jahrelang bei allen wichtigen Entscheidungen auf sich selbst angewiesen war, innerlich selbständiger und unabhängiger geworden. Auch sie hat oft Ersatz für den Abwesenden gefunden und empfindet die Kontrolle ihres Lebenswandels, die durch den zurückgekehrten Mann ausgeübt wird, lästig.

Alle diese Verhältnisse bedingen eine Zunahme der Entfremdung der beiden Ehegatten, die sich nur in einem Teil der Fälle einigermaßen ausgleicht. Sie geben uns jedenfalls eine Erklärung für die ungeheure Zunahme der Ehescheidungen in und nach dem Kriege.

Das Reichsgericht hat sich mit diesen Fragen auch bereits zu beschäftigen gehabt. Es hat z. B. entschieden, daß Weigerung, den aus dem Kriege zurückgekehrten kriegsbeschädigten Gatten zu pflegen, ein Ehescheidungsgrund sei.

Man muß hierzu sagen, daß diese Pflicht bei manchen Kriegsneurotikern äußerst schwer zu erfüllen ist und deshalb die Gerichte das subjektive Empfinden des anderen Teils auch hier berücksichtigen sollten.

Noch trauriger sind die Erfahrungen, die ich mehrfach mit Kopfschußverletzten[1]) gemacht habe.

Junge unerfahrene Mädchen haben sich im Kriege mit Leuten verheiratet, die sie z. T. noch nicht einmal soweit kennen lernen konnten, wie das in der Verlobungszeit normalerweise zu geschehen pflegt.

Nun kehrt der Mann als schwer Kriegsbeschädigter aus dem Felde zurück und es zeigt sich, daß die moralische Kraft der jungen Frau nicht ausreicht, ihm eine sorgsame Pflegerin, aber nichts weiter, zu sein. Der Verletzte empfindet seine körperliche Unzulänglichkeit schwer, ist infolgedessen mißtrauisch, eifersüchtig und gereizt. Für beide Teile — und beide sind noch jung! — ist das Zusammenleben eine Hölle. Daß manche dieser Ehen auseinandergehen, ist verständlich. Aber bei ihnen gerade zeigt sich, wie ungeheuer schwer die Entscheidung der Schuldfrage ist. Auf der einen Seite eine Frau, die infolge von Jugend und Unerfahrenheit handelte, und das Unglück hatte, daß ihr Mann als Krüppel zurück-

1) Was für diese Fälle gilt, trifft auch auf andere Kopfverletzte mit schweren Traumen zu.

kehrte. Auf der anderen Seite der Mann, der für das Vaterland in unheilbares Siechtum verfiel und den sein tragisches Geschick tief verbitterte, so daß er gegen seine eigene Frau ungerecht wurde.

Ich habe mehrere solche Fälle ärztlich beraten. Einmal handelte es sich z. B. um einen psychopathischen Offizier, der später beide Augen verlor und eine schwere Schädelverletzung erlitt. Ein anderes Mal verfiel nach einem Kopfschuß ein Offizier in Trunksucht. Er machte Schulden, kam in Prügeleien, lief der Frau mehrfach fort, verkaufte Schmuck, den die Frau in die Ehe gebracht hatte u. a. m.

In den beiden geschilderten Fällen waren die Frauen, als sie heirateten, noch nicht 20 Jahre alt!

Gerade unter den Schädelverletzten, von denen hier die Rede ist, finden sich viele, bei denen eine krankhafte Reizbarkeit, ja ausgesprochene Epilepsie sich im Laufe der Jahre ausbildet und sie zur Ehe ungeeignet macht. —

Schuldhaft handeln von den oben beschriebenen Gruppen die Neurastheniker und Hypochonder fast ausnahmslos. Von den Kriegsneurotikern werden nur die schweren Fälle als der freien Willensbestimmung beraubt anzusehen sein. Es kommt dabei auch auf die Art der Handlung an (Affektdelikte!).

Erheblich ernster zu nehmen sind die schwer Kopfverletzten. Bei einem nicht geringen Teil wird Verschulden nicht anzunehmen sein. Namentlich da, wo entweder gröbere Ausfallserscheinungen oder epileptoide Reizbarkeit, Verstimmungen und ähnliche schwerwiegende Symptome vorhanden sind, wird man das Zustandsbild einer ausgeprägten Geistesstörung gleichsetzen müssen.

Unter den Hysterischen sind in der Ehe gefährlich:

1. Die Hochstaplernaturen, d. h. diejenigen, die skrupellos, durch geschicktes Auftreten unterstützt, zusammenborgen und schwindeln, was sie nur immer erreichen können, um ihrer Eitelkeit zu fröhnen.

Dem anderen Ehegatten bleibt es dann überlassen, die entstandenen Schwierigkeiten zu regeln.

Auch die Warenhausdiebinnen der besseren Gesellschaft gehören hierher.

2. Eine zweite Gruppe bilden die Intriguanten, die nicht nur in der eigenen Familie ein Familienmitglied

gegen das andere, z. B. die Kinder gegen den Vater hetzen, sondern die ganze Familie durch Intriguen, Lügen, üble Nachreden, anonyme Briefe und ähnliches in Mißkredit bringen.

Hierher gehören oft auch die Fälle, in denen die Frau den Mann bei seiner vorgesetzten Behörde denunziert.

3. Weiterhin sind die Unverstandenen zu erwähnen. Der hysterische Teil fühlt sich als feinsinnig, vornehm denkend, ästhetisch veranlagt, großzügig, gerecht, immer entgegenkommend, aber zurückgestoßen, während der andere Ehegatte als ein robuster, grober, unerzogener, kleinlicher, abstoßender Plebejer geschildert wird.

4. Die Dirnennaturen[1]), d. h. Menschen, die bald mit, bald ohne sinnliche Freude herumflirten und kokettieren, und das andere Geschlecht an sich zu locken suchen. Dabei ist es kaum je die Persönlichkeit, die sie anzieht, sondern mehr der Umstand, daß diese Persönlichkeit einer anderen abspenstig gemacht werden kann.

5. Die ungezügelten Stimmungsmenschen, d. h. jene Persönlichkeiten, die auf geringfügige Erlebnisse mit Wein- und Schreiszenen oder hysterischen Anfällen reagieren, die anderen die größten Gemeinheiten antun können, ohne sich die geringsten Gewissensbisse zu machen, wenn ihnen selbst ein Wunsch versagt wird, aber mit Selbstmord drohen, in gröbsten Ausdrücken schimpfen, schlagen, und jede Haltung verlieren.

6. Weiterhin kommen die Eifersüchtigen in Betracht, die Korrespondenz, Wäsche und Kleidung des anderen Ehegatten heimlich durchstöbern, bei jedem freundlichen Wort, das an einen anderen gerichtet wird, in Zorn geraten und überall Unsittlichkeit wittern.

7. Schließlich sind die Fälle zu nennen, die solche groben, sozial unangenehmen Symptome, wie die bisher geschilderten vermissen lassen, die aber immer gerade dann krank sind, wenn etwas von ihnen verlangt wird, so daß der ganze Haushalt dem ewig leidenden Zustande des Hysterischen angepaßt ist.

1) Placzek, Geschlechtsleben d. Hysterischen (Bonn 1919. A. Marcus und E. Webers Verlag), beschreibt solche Typen.

Die Schuldfrage der Hysterischen[1]) regeln die nachstehenden Entscheidungen:

Schwere Hysterie der Frau ist geeignet, ihre Verantwortlichkeit für die im Zustande der Erregtheit, nicht bei kaltem Blut mit ruhiger Überlegung verübten Beschimpfungen des Mannes gänzlich auszuschließen (R.G. 14. 11. 12. IV. 237/12).

Der Scheidungsklage seiner Frau gegenüber hatte der Beklagte die Widerklage auf Scheidung erhoben, die auf § 1568 B.G.B. gestützt war. Die Widerklage wurde in allen Instanzen für unbegründet erklärt.

Gründe:

Das Ber. Gericht hat festgestellt, daß es sich bei der Klägerin um einen Fall von schwerer Hysterie handelt. Ihr Zustand hat zu zeitweiligen Anfällen ausgesprochener Geistesstörung geführt, bei deren einem das Auftreten von Sinnestäuschungen und Wahnideen festgestellt worden ist, und die Zeuginnen den Eindruck hatten, daß Bekl. geistig nicht normal ist. Das Ber. Gericht hat nicht die Überzeugung gewinnen können, daß Kl. für ihre Verfehlungen verantwortlich zu machen ist (R.G. 16. 9. 15. Seuff. Arch. Bd. 71. Jahrg. 1916).

Da es kennzeichnend für die Hysterischen ist, daß sie auf angenehme und unangenehme Erlebnisse in exzessiver Weise reagieren, so ist das Verhalten des Kranken von dem seiner Umgebung sehr abhängig. Wenn nun der andere Ehegatte auch pathologisch veranlagt ist, so kann infolgedessen die Krankheit des Hysterischen sich in der Ehe unangenehm äußern, während das in günstigerem Milieu nicht geschähe. Dieser Umstand macht Untersuchung des klagenden Gatten notwendig. Ich habe bei den von mir vorgenommenen Begutachtungen stets mit beiden Parteien den gesamten Akteninhalt durchsprochen und beide untersucht. Das hat viel zur Klärung des Sachverhaltes beigetragen. —

Da, wie ich eben ausführte, das Verhalten des Hysterischen so sehr von den Einflüssen aus der Umgebung abhängt, wird es verständlich, daß die Zeugenaussagen in derartigen Ehescheidungsprozessen so verschieden lauten. Manche unangenehme Eigenschaften Hysterischer treten eben nur im engen Zusammenleben hervor. Dem Fernerstehenden bleiben sie verborgen. Manche Hysterische gelten geradezu als beliebt.

Es empfiehlt sich deshalb für die Parteien, die Beweisanträge möglichst scharf zu präzisieren und nach Tatsachen fragen zu lassen. Auch ist die Zuziehung des

---

1) L. W. Weber meint, Hyst. handeln schuldhaft, so lange sie nicht entmündigungsreif sind.

Sachverständigen ratsam, namentlich wenn er den hysterischen Teil bereits kennt. —

Anhangsweise sei hier auf die Bedeutung der Menstruation für das Eheleben hingewiesen. Schon die normale Frau ist während der Periode nicht so, wie sonst. Sie ist mißgestimmt, weinerlich, weniger leistungsfähig, vergesslich, weniger aufmerksam. Bei manchen pathologischen Frauen, z. B. manchen Hysterischen, aber stellen die Tage der Periode kritische Tage erster Ordnung im Haushalte dar. Mit den Dienstboten wird gezankt, Mann und Kinder werden gequält, alles, was geschieht, ist falsch. Es kommt zu Schimpfereien und sogar Tätlichkeiten. Die Frau ist ungerecht und einsichtslos. —

Bei der Epilepsie sind es nicht so sehr die Krampfanfälle, welche das Eheleben beeinflussen, als vielmehr die Verstimmungen, die Reizbarkeit, Frömmelei, Lügenhaftigkeit, der zunehmende Rückgang der geistigen Fähigkeiten, ferner Dämmerzustände und epileptische Geistesstörungen.

Die Rechtssprechung hat folgende Entscheidung gebracht:

Bei einem schwer epileptischen Mann können unsittliche Angriffe auf ein Dienstmädchen unter Umständen nicht als schwere Verfehlung erscheinen (RG. IV. 17. Juni 1918, Recht 1918).

Wesentlich schwerwiegender in ihrer Bedeutung für die Ehescheidung gemäß § 1568, als die Epilepsie, ist die Trunksucht. Ich habe schon darauf hingewiesen, daß sowohl das Trinken, wie die Trunksucht unter bestimmten Voraussetzungen als unsittliches Verhalten angesehen werden.

Die Entscheidungen, welche über den Alkoholismus ergangen sind, bedürfen aber sämtlich der medizinischen Interpretation.

Trunksucht ist ein so hochgradiger Hang zum übermäßigen Trinken, daß der davon Befallene die Kraft verloren hat, dem Anreiz zu übermäßigem Genuß geistiger Getränke zu widerstehen (J. W. 1902)[1].

Der Mediziner hat dem noch hinzuzufügen:

1. Zu wirklichen Trinkern werden nur Menschen, die pathologisch veranlagt sind. Beim „geheilten" Trinker

1) Siehe hierzu Komm. von Staudinger und von Mach: Eheanfechtung u. Ehescheidung Viertelj.-Schr. für gerichtl. Mediz. Jahrg. 1911 Bd. XLI S. 229, Bresler: Psych.-neur. Wochenschr. V, 245.

bleibt also, wenn die pathologische Veranlagung nicht heilbar ist, diese letztere bestehen.

2. Der Trinker hat zwar die Kraft verloren, dem Anreiz zu übermäßigem Genuß geistiger Getränke zu widerstehen, er hat aber nicht immer die Kraft verloren, sein Trinken zu verbergen oder so einzurichten, daß es nach außen nicht unangenehm auffällt. Dies kann er für einige Zeit namentlich dann tun, wenn ihm Rechtsnachteile (Entmündigung, Anstaltsinternierung, Ehescheidung) drohen.

So habe ich z. B. einen Mann gesehen, der sich, als die Entmündigung drohte, in seiner Wohnung einschloß, wenn er sich betrinken wollte. Eine Ärztefrau, die jahrelang sehr stark getrunken hatte, führte sich in der Anstalt am Tage in Gestalt von heimlich besorgten Kognakbohnen Alkohol zu, nachts trank sie den zum Haarebrennen bestellten Brennspiritus aus. Eine andere Dame, gegen die ein Ehescheidungsverfahren schwebte, verreiste immer, wenn sie größere Alkoholexzesse begehen wollte.

3. Bedeutungsvoll wird die Trunksucht eigentlich erst dann, wenn infolge des Alkoholmißbrauchs die pathologischen Charakterzüge stärker hervortreten, die Patienten arbeitsscheu werden, Eifersuchtswahn sich einstellt oder Gedächtnisstörungen, Wutausbrüche und ähnliches den Patienten unsozial und vermindert leistungsfähig machen.

Diese sozialen Folgen sind es hauptsächlich auch, die das Eheleben ungünstig beeinflussen.

4. Nicht allein die chronischen Trinker bereiten in der Ehe Schwierigkeiten, sondern auch die periodischen und die auf Alkoholgenuß mit krankhaften Räuschen Reagierenden können eine Ehezerrüttung bewirken, die Periodiker dadurch, daß sie immer von neuem die Familie verlassen, Sachen verlieren oder verkaufen, unter Alkohol Straftaten begehen und sich und andere kompromittieren.

5. Sehr wichtig ist auch, daß ein Mensch chronischer Alkoholist sein kann, ohne in der Öffentlichkeit aufzufallen. Nur die nächsten Angehörigen leiden unter seinem Verhalten. Nach außen hin kann er als liebenswürdiger Gesellschafter gelten.

Die nächsten Angehörigen, namentlich die Frauen, schweigen oft jahrlang über ihre traurigen Erlebnisse, selbst wenn sie die gröbsten Mißhandlungen und Erniedrigungen über sich ergehen lassen müssen [1]).

6. Es gibt sehr wenige Trinker, die ihr Leiden nicht auf widrige äußere Umstände zurückführen. Namentlich der Frau und der übrigen Familie wird die Schuld beigemessen. Sie hätten mehr Entgegenkommen zeigen müssen, dies und jenes nicht äußern dürfen usw.

7. Der Alkoholist macht nicht nur über die Ursachen seiner Krankheit z. T. unbeabsichtigt falsche Angaben, sondern er lügt, wenn er sich davon Vorteil verspricht, auch in den wichtigsten Fragen bewußt und dazu mitunter noch so überzeugend, daß es äußerst schwer ist, ihm die Unrichtigkeit seiner Angaben nachzuweisen. Diese Tatsache verdient bei der Bewertung seiner Angaben im Prozeß Berücksichtigung.

Treten wir nun nach den obigen Feststellungen an die Erörterung der Rechtssprechung [2]) heran:

Für die Frage des Verschuldens bei Trunksucht der Ehefrau müsser das Leiden vergrößernde äußere Umstände, insbesondere schlechte Behandlung und Vernachlässigung seitens des Ehemannes, mit berücksichtigt werden (R.G. IV. 8. 4. 14; Recht 1915).

Wir sehen hier die bekannten Entschuldigungen des Trinkers in einer Entscheidung angeführt. Daß die angeblich schlechte Behandlung von seiten des. nicht trunksüchtigen Gatten erst nach sorgfältiger Nachprüfung Berücksichtigung verdient, ergibt sich aus Punkt 7 unserer Feststellungen.

Zur Frage der Besserung äußern sich die folgenden Entscheidungen:

Ist die als Scheidungsgrund geltend gemachte Trunksucht bis zum Urteilserlaß dauernd beseitigt, so kann die Ehescheidung nur ausnahmsweise dann ausgesprochen werden, wenn die Ausschreitungen während der Trunksucht außergewöhnlich verletzend waren (R.G. IV. 8. 4. 14; Recht 1915). Scheidung wegen Trunksucht ist unzulässig, wenn bis zur Schlußverhandlung in der Berufungsinstanz dauernde Besserung eingetreten ist (R.G. IV. 2. X. 13; Recht 1914).

Auf diese Formen der Besserung, welche bis zum Urteilsspruch reichen, bin ich oben bereits eingegangen. Hinzuzufügen ist, daß es auch Trinker gibt, denen daran liegt, Heilung für ihr Leiden zu finden. Solche Kranken begeben

---

1) Der Bund für Mutterschutz hat zu diesem Kapitel besonders traurige Beispiele bekannt gegeben.

2) S. auch Leppmann, Ärztl. Sachv.-Ztg. 1905, und Straßmann ebenda, und Mendel: Geisteskrankh. u. Ehe, München 1905, F. Lehmann.

sich meist zu längerer Behandlung in Heilstätten, schließen sich Abstinenzvereinen an und schützen sich so vor Rückfällen. An der ganzen Art, wie sie Heilung suchen, ist zu erkennen, daß sie wirklich ernstlich bemüht sind, gesund zu werden.

In jedem Falle wird das Gericht also prüfen müssen, ob die Besserung echt ist, oder nur vorgetäuscht werden soll.

Das Berufungsgericht hatte auf die Ehescheidungsklage des Ehemannes festgestellt, daß die beklagte Ehefrau während der Ehe in schlimmer Weise getrunken habe. Zur Zeit des Urteils war sie keine Trinkerin mehr, hielt sich gut, Entmündigung wegen Trunksucht war aufgehoben. Das Berufungsgericht hat die Frage, ob durch solche Besserung der Anspruch auf Scheidung aufgehoben werde, verneint und die Ehe auf die Klage geschieden. Sei einmal durch das Verschulden der Beklagten die eheliche Gesinnung gestört und sei dem Kläger nach dem früheren Vorkommen nicht mehr zuzumuten, die Ehe mit der Beklagten fortzusetzen, so könne der Ehescheidungsgrund nicht mehr infolge nachträglicher Besserung fortfallen. Das R.G. hat aufgehoben. Die objektive Beurteilung, ob einem Ehegatten nach der dem Wesen der Ehe entnommenen Anschauung die Fortsetzung der Ehe zugemutet werden könne, sei nach dem Zeitpunkt der letzten mündlichen Verhandlung zu entscheiden. Wenn das Berufungsgericht in Abschwächung seines Grundsatzes annehme, daß das spätere Verhalten der Beklagten nach Zustellung der Scheidungsklage nicht ganz außer acht zu lassen sei, daß z. B. dem Kläger die Fortsetzung der Ehe zuzumuten sei, wenn Beklagte kurz nach Anstellung der Klage das Trinken gänzlich aufgegeben hatte, so werde damit nicht klargestellt, ob die in der Zumutungsfrage zu stellenden Anforderungen richtig bestimmt seien. Unter besonderen Umständen könne freilich die Sache so liegen, daß trotz Abwendung des Ehegatten von der Trunksucht dem anderen die Fortsetzung der Ehe nicht zugemutet werden kann, so wenn die Trunksucht eine solche Verächtlichkeit der Gesinnung ergeben habe, daß damit die Grundlagen des ehelichen Zusammenlebens für immer gestört seien. So aber sei der Fall nicht. Unter anderem komme in Betracht, daß die Eheleute in allen Leibes- und Seelennöten zu gegenseitiger Unterstützung verbunden seien, daß es aber der Kläger gänzlich an geeigneter Behandlung der Beklagten habe fehlen lassen (8. 4. 14; D. Jur.-Z. 1919).

In der vorstehenden Entscheidung ist eine andere Frage angeschnitten, auf die noch eingegangen werden muß.

Wenn ein Ehegatte jahrelang stark getrunken hat und durch sein Verhalten bei dem anderen Gatten die eheliche Gesinnung zerstört hat, dann ist es zum mindesten nicht jedem Menschen möglich, selbst wenn der Trinker sich dauernd bessert, diese eheliche Gesinnung zurückzugewinnen.

Der Wiederherstellung der ehelichen Gesinnung ist manchmal ein Umstand hinderlich, nämlich die Furcht vor dem Rückfall des anderen. Beginnen die Trinkexzesse wieder, so muß der Gesunde alle die Demütigungen, Schläge und Beleidigungen von neuem erdulden, unter denen er schon früher gelitten hat.

Der gesunde Gatte weiß auch, daß den Versicherungen eines Trinkers, es werde nichts mehr vorkommen, nur geringer Wert beizumessen ist. Wie soll da, wo ein solcher Mensch immer Furcht vor der Zukunft hat, die eheliche Gesinnung wiederkehren Die Vorfälle, welche zur Ehescheidungsklage geführt haben, sollten, um diesen Gefühlen gerecht zu werden, deshalb stets darauf geprüft werden, ob sie nicht trotz der Besserung eine Ehescheidung begründen. —

Klägerin durfte nach § 1574 Abs. 3 nur dann für mitschuldig erklärt werden, wenn gegen sie Tatsachen vorlagen, wegen deren Beklagter auf Scheidung klagen konnte. Als solche Klage kommt die festgestellte Trunksucht nicht ohne weiteres in Frage. Beklagter hatte selbst geltend gemacht, seine Frau sei erblich belastet. Daß Beklagter die Ehe als zerrüttet empfunden, läßt sich nicht mit seiner Behauptung vereinbaren, er habe noch im Juni 1911 mit Klägerin geschlechtlich verkehrt. Nun bedurfte es noch näherer Feststellungen über das zeitliche Verhältnis, in welchem die etwa der Klägerin zur Last fallende Verfehlung, ihr übermäßiges Trinken, zu den vom Beklagten selbst gesetzten Scheidung gründen gestanden hatte.

Das Berufungsurteil konnte nach alledem nicht bestehen bleiben, es war vielmehr aufzuheben und die Sache war in der Berufungsinstanz zurückgewiesen (Seufferts Arch. Bd. 70, Jahrg. 15; R.G. IV. 9. 3. 14; s. auch Recht 1914).

Das nachstehende Urteil entschuldigt chronischen Alkoholismus mit erblicher Belastung. Diese Schlußfolgerung ist psychiatrisch gedacht nicht richtig. Für die Schuldfrage darf nicht die Tatsache, daß in der Familie des Kranken die gleiche Affektion vorgekommen ist, maßgebend sein, sondern lediglich das Verhalten des Patienten selbst. Angeborene Trunksucht gibt es nicht. Wie ich oben bereits sagte, sind die meisten Trinker Degenerierte, Schwachsinnige, Hysterische oder sonst Minderwertige, und weil sie das sind, werden sie später Trinker. Nur bei einem Teil von ihnen wird man mit den üblichen Methoden erbliche Belastung nachweisen können.

Hauptgrundsatz aller psychiatrischen Erkenntnis muß es bleiben, daß für die Beurteilung der Schuldfrage lediglich der Zustand des Handelnden selbst zur Zeit der Tat in Betracht gezogen werden darf.

W e l c h e r T r i n k e r h a n d e l t n u n a b e r s c h u l d h a f t, welcher nicht?

Ich möchte mich dazu folgendermaßen äußern:

1. Was in sicher krankhaften Räuschen begangen ist (z. B. Mißhandlungen) kann dem Täter nicht zugerechnet werden. Der Begriff des krankhaften Rausches darf dabei nicht zu weit ausgedehnt werden.

2. Nicht schuldhaft handelt auch, wer in einer sicher nachgewiesenen dipsomanischen Attacke Eheverfehlungen begeht [1].

3. Ist alkoholischer Eifersuchtswahn die Ursache der Handlung, so trifft den Täter kein Verschulden, ebensowenig bei Bestehen von anderen Alkoholpsychosen.

4. Von den chronischen Trinkern werden nur die schweren Fälle nicht schuldhaft handeln, die übrigen aber nicht selten eine etwas mildere Beurteilung verdienen. —

Das Reichsgericht hat in mehreren Entscheidungen auch zur Schuldfrage Stellung genommen. Ich zitiere die beiden folgenden:

Die Ehescheidung kann auf Eifersucht nicht gegründet werden, wenn der Ehegatte in den letzten 6 Monaten für sein übermäßiges Trinken (wegen krankhaften Dranges nach alkoholistischen Getränken) nicht mehr sittlich verantwortlich gemacht werden kann (R.G. IV. 19. 12. 07; Das Recht Sp. 94, Entsch. Nr. 543, Rostock, 4. 3. 08; Das Recht 1909, Nr. 1524).

Ist die Trunksucht weder ausschweifend noch beharrlich, so liegt darin keine schwere Verletzung der durch die Ehe begründeten Pflichten. Um so weniger als die Trunksucht, selbst wenn sie vorübergehend zum Ausbruch des Säuferwahnsinns geführt hat, für sich allein als gesetzlicher Scheidungsgrund nicht anerkannt ist (R.G. IV. 10. 5. 09; Das Recht 1909, Nr. 2964, ebenso R.G. 11. 2. 11. Jur. Wochenschr. 1911 S. 369).

Was ist schließlich beharrliche Trunksucht?

Beharrlich ist ein Trinker, wenn er sich jahrelang als ein Trinker gezeigt hat und keine Gewähr dafür besteht, daß die Besserung eine endgültige ist (Recht 1907 Nr. 466).

Der Begriff der beharrlichen Trunksucht deckt sich also ungefähr mit dem medizinischen Ausdruck „chronischer Alkoholist“.

Andere Vergiftungen: In Betracht kommt der Morphinismus, der Kokainismus, Veronalismus, Opiummißbrauch und die anderen Vergiftungen mit narkotischen Mitteln.

Nach einer Entscheidung vom 27. Oktober 1910

---

1) In einem besonders schweren Falle dieser Art ist § 1569 angewandt worden, auf den weiter unten eingegangen werden wird (vgl. Psych.-neur. Wochenschr. VII. Bd., S. 188).

R.O.L.G. Bd. 21, S. 239 (s. auch Recht 1911) wird Morphinismus nicht als Scheidungsgrund angesehen. In dieser Verallgemeinerung ist aber die Ansicht nicht richtig. Es gibt Morphinisten, die zum mindesten im Beginn des Leidens noch schuldhaft i. S. des § 1568 handeln können. Nach jahrelangem Bestehen der Krankheit ist ein Verschulden nur ausnahmsweise anzunehmen.

In einer Morphinistenehe besteht übrigens die Gefahr, daß ein Gatte den anderen zum Mißbrauch des Mittels verführt. Ich habe öfters morphinistische Ehepaare gesehen, deren Ehen dann später auseinandergingen. —

Je älter der Mensch wird, desto mehr verändert er sich auch seelisch. In den sechziger Jahren findet bei vielen Menschen eine egozentrische Einengung des Interessenkreises statt. Dazu kommt eine mehr oder minder große Abnahme der körperlichen Leistungsfähigkeit.

Alles das macht sich gelegentlich im Eheleben geltend. Bei pathologischen Naturen können nun einzelne Charaktereigenschaften (z. B. das Mißtrauen) so stark hervortreten, daß es zu ernsten Ehekonflikten kommt. Auch die Eifersucht kann sich sehr unangenehm bemerkbar machen. Oder der Mann beginnt im letzten Aufflackern der Libido sexualis Seitensprünge zu machen.

Wenn es sich auch stets um eine krankhafte Steigerung von schon vorher vorhandenen pathologischen Charaktereigenschaften oder um beginnenden Altersblödsinn handelt, so ist die Beurteilung der Schuldfrage nicht immer einfach.

Ist die Änderung der Persönlichkeit gegenüber früheren Jahren **erheblich**, muß an geistige Erkrankung gedacht werden. Schuldhaftes Handeln ist dann ausgeschlossen. Es bleibt dann aber zu prüfen, ob nicht die Voraussetzungen des § 1569 gegeben sind. —

Die **eigentlichen Geistesstörungen**, namentlich die chronischen, kommen für den § 1568 nicht in Betracht, weil hier schuldhaftes Handeln unbedingte Voraussetzung für die Ehescheidung ist.

Ich brauche deshalb hier nicht ausführlich auf die Psychosen einzugehen. Nur einige kurze Bemerkungen habe ich hinzuzufügen:

Zu den Gründen, welche die Ehescheidung gemäß § 1568 rechtfertigen, gehört auch Unsauberkeit, Vernachlässigung des Haushalts, schlechte Wirtschaftsführung und ähnliches.

Ich habe mehrfach Fälle von leichter, aber lange anhaltender Melancholie gesehen, in denen die Frauen sich selbst vernachlässigten, infolge von Hemmung und Entschlußlosigkeit die Wirtschaft nicht besorgten und — erklärlicherweise — trotz guter und böser Worte des Mannes sich nicht „besserten". Sie konnten das nicht, weil sie melancholisch waren und die Melancholie eine Geistesstörung ist.

Die Männer hatten aber bereits Antrag auf Ehescheidung gestellt. Die Entscheidung, auf die sie sich stützen lautet:

Unsauberkeit und wirtschaftliche Nachlässigkeit eines Ehegatten kann als Scheidungsgrund nur dann in Frage kommen, wenn sie in besonders hohem Grade vorliegt und in besonders beharrlicher Weise trotz der Ermahnungen des anderen Teils betätigt worden ist (R.G. IV. 25. 4. 10. Recht 1910).

Mit Geistesstörungen beschäftigt sich auch die folgende Entscheidung, deren Berechtigung wohl anerkannt werden kann.

Darin, daß der Ehemann fortgesetzt seiner Frau die normale Beiwohnung versagt und gegen ihren Willen nur den sog. coitus interruptus vollzieht, ist ein Scheidungsgrund nicht zu erblicken, wenn der Ehemann lediglich, um der Empfängnis seiner gemütskranken Frau vorzubeugen, so verfährt (R.G. VII. 8. II. 18 Recht 1918).

Es ist noch eine Frage zu erörtern:

Durch das ehewidrige Verhalten eines Gatten wird die Ehe zerrüttet. Der andere Ehegatte muß dies Verhalten aber als e h e w i d r i g empfinden. Wie steht es nun, wenn dieser letztere geistesgestört ist?

Das Reichsgericht äußert sich folgendermaßen:

Von dem Erfordernis der subj. Ehezerrüttung für die Scheidung kann auch dann nicht abgesehen werden, wenn dem gekränkten Gatten zufolge Geistesstörung das Verständnis für die Ehepflichten abgeht. Aus der Möglichkeit, auch die Klage nach § 1568 durch den gesetzlichen Vertreter zu führen, ist nichts Gegenteiliges zu entnehmen. Der gekränkte Gatte wird genügend durch Entfernung aus der häuslichen Gemeinschaft geschützt. (R.G. IV. 26. 3. 14. Recht 1914. Ebenso: R.G. 4. XI. 13. Recht 1913 und 1915.)

Zu dieser Entscheidung ist vom psychiatrischen Standpunkte aus zu sagen, daß es viele geistige Störungen gibt, bei denen das Verständnis für das ehewidrige Verhalten des gesunden Gatten keineswegs aufgehoben ist. Auch bei manchen organischen Gehirnkrankheiten (z. B. bei einem Fall von Gehirnsyphilis, einem von multipler Sklerose, ja sogar bei einer beginnenden Paralyse) habe ich noch ausreichendes Verständnis für Lieblosigkeiten des anderen Teils gefunden.

Es ist nötig, noch ein kurzes Wort über die Beziehungen zwischen §.1568 und § 1569 zu sagen.

§ 1568 setzt schuldhaftes Handeln voraus, § 1569 schließt solches aus.

Daß die vermindert Zurechnungsfähigen in der ersterwähnten Bestimmung besondere Berücksichtigung finden sollen, ist oben schon ausgeführt.

Festgestellt werden muß aber noch zweierlei:

1. Daß es viele Fälle gibt, in denen das ehewidrige Verhalten des beklagten Gatten in vorübergehender Störung der Geistestätigkeit erfolgt, so daß es ihm nicht zugerechnet werden kann. Eine Zerrüttung des Ehelebens kann trotzdem eintreten. Scheidungsmöglichkeit besteht aber nur ausnahmsweise.

2. Es gibt Fälle, in denen erst eine Zerrüttung des Ehelebens eintritt, und später der eine Teil geistesgestört wird (vergl. z. B. Psych.-Neur. W. Bd. VII. S. 362). Die Schuldfrage muß dann besonders sorgfältig nach der Richtung hin geprüft werden; von wann ab der Beklagte nicht mehr schuldhaft handelt.

Hat der nichtschuldige Ehegatte an dem schuldhaften Handeln teilgenommen, so entfällt letzteres als Scheidungsgrund, ebenso wenn der eine mit Zustimmung des anderen gehandelt hat. Die Rechtssprechung äußert sich dazu folgendermaßen:

Der Tatbestand des § 1568 ist ausgeschlossen, wenn dem ehewidrigen Verhalten des einen Gatten der andere zustimmt (R.G. IV. XII. 17. Recht 1918).

Der im Prozeß mit Zustimmung der Beklagten erhobene Vorwurf, sie sei nach ihrer Kenntnis der Charaktereigenschaften des Klägers überzeugt, daß der Kläger einen Ehebruch eidlich in objektiv unwahrer Weise abgeleugnet habe, enthält eine schwere Eheverfehlung (R.G. IV. 3. Okt. 1910. Recht 1910).

Das Berufungsgericht nimmt an, daß die Ehe der Parteien auf die Klage schon nach dem bisherigen Ergebnis der Beweisaufnahme zu scheiden sei, und zwar wegen des ehewidrigen Verhältnisses der Beklagten zu dem Zeugen.

Das Berufungsgericht führt zur Widerklage aus, daß durch das Ergebnis der Beweisaufnahme zwar nicht erwiesen sei, aber nahe läge, daß W. durch den Kl. zum vertraulichen Umgang mit der Bekl. aufgefordert worden sei. Es erscheine geboten, dem Kl. darüber einen Reinigungseid aufzuerlegen. Leiste Kl. den Eid nicht, so sei die Ehe auf die Klage und die Widerklage aus beiderseitigem Verschulden zu scheiden.

Die Entscheidung ist rechtlich zu beanstanden.

Wie die Revision mit Recht rügt, hat das Berufungsgericht nicht beachtet, daß der Kläger, wenn er selbst den W. zu dem unerlaubten Umgang mit seiner Frau veranlaßt hat, aus diesem Umgang keinen Scheidungsgrund entnehmen kann. Für den Fall des Ehebruchs ist im § 1565 Abs. 2 ausdrücklich bestimmt, daß das Recht des Ehegatten auf Scheidung ausgeschlossen sein soll, wenn er dem Ehebruch zustimmt, oder sich der Teilnahme schuldig macht. (E.R.G. Neue Folge Bd. 35, 1915. Ebenso R.O.L.G. 1913 Bd. I und Recht 1913.)

b) Ehescheidung wegen Geisteskrankheit.

§ 1569. Ein Ehegatte kann auf Scheidung klagen, wenn der andere Ehegatte in Geisteskrankheit verfallen ist, die Krankheit während der Ehe mindestens 3 Jahre gedauert und einen solchen Grad erreicht hat, daß die geistige Gemeinschaft zwischen den Ehegatten aufgehoben, auch jede Aussicht auf Wiederherstellung dieser Gemeinschaft ausgeschlossen ist.

Die obige gesetzliche Bestimmung setzt im Gegensatz zum § 1568 ein Verschulden nicht voraus.

Sie enthält die Bedingungen, unter denen beim Bestehen einer Geisteskrankheit Ehescheidung erfolgen kann[1]).

Eine Anwendung dieses Paragraphen auf andere den gesunden Eheteil schwer treffende Fälle, z. B. jahrelange, infolge eines Frauenleidens berechtigte Verweigerung des Geschlechtsverkehrs, ist unzulässig (R.G. IV. 28. Juni 1915. Recht 1915).

Die Frage, ob ein Scheidungsrecht aus § 1569 besteht, ist ausschließlich auf Grund des Krankheitsbefundes im Zeitpunkte der Urteilsfällung zu entscheiden (R.G. IV. 10. Mai 15. Recht 1915).

Ist ein Ehegatte einmal mit seiner Klage abgewiesen worden und will er später nochmals klagen, so sagt das Reichsgericht bezgl. des Beweismaterials im Hinblick auf § 616 Z.P.O.[2]) folgendes:

§ 616 Z.P.O. rechtfertigt nicht die Annahme, eine neue Klage aus § 1569 könne nur auf eine nach dem früheren Urteile eingetretene Verschlimmerung des Leidens gestützt werden (R.G. IV. Mai 15. Recht 1915).

---

1) Mainer, J. D., Erlangen 1909. Besonders sei auf E. Schultzes Ausführungen in Hoches Handbuch der gerichtl. Psych. verwiesen. Ferner auf Siemerling: Streitige geistige Krankheit 1906, Berlin A. Hirschwald. Moeli: Klin. Jahrb. Bd. XI, S. 177.

2) § 616. Der Kläger, welcher mit der Scheidungsklage oder der Anfechtungsklage abgewiesen ist, kann das Recht, die Scheidung zu verlangen oder die Ehe anzufechten, nicht mehr auf Tatsachen gründen, welche er in dem früheren Rechtsstreite geltend gemacht hat, oder welche er in dem früheren Rechtsstreit oder durch Verbindung der Klagen geltend machen konnte. Das gleiche gilt im Falle der Abweisung der Scheidungsklage oder der Anfechtungsklage für den Beklagten in Ansehung der Tatsachen, auf welche er eine Widerklage zu gründen imstande war.

Es ist gleichgültig, ob der beklagte Teil die Zerrüttung seines Geistes durch eigene Schuld herbeigeführt hat. —

Wir haben nun die einzelnen Rechtsbegriffe, welche der § 1569 enthält, durchzusprechen.

1. Was ist Geisteskrankheit im Sinne des § 1569?

In den Erörterungen über diesen Begriff hat die Frage breiten Raum eingenommen, ob das Wort Geisteskrankheit mit dem im § 6 B.G.B. enthaltenen gleichnamigen Rechtsbegriff zu identifizieren sei.

Das Reichsgericht hat diese Frage bejaht (vergl. J. W. 1902 S. 244, J. W. 1905 S. 395) und auch die meisten Kommentare vertreten den gleichen Standpunkt. Nur Endemann äußert sich im entgegengesetzten[1]) Sinne.

Ganz konsequent ist das Reichsgericht in diesem Punkte nicht geblieben, denn es hat im Februar 1916 entschieden, daß Geisteskrankheit i. S. des § 1569 sich nicht mit Entmündigungsreife decke (R.G. IV. 7. II. 16. Recht 1916). Es hat ferner (1905) die Anwendung des § 1569 auch bei nur partiellem Wahnsinn nicht ausgeschlossen und selbst dann nicht, wenn dem geisteskranken Ehegatten noch die Fähigkeit verblieben ist, die meisten bürgerlichen und Vermögensangelegenheiten zu besorgen (J. W. 1905. S. 395).

Meiner Ansicht nach ist Geisteskrankheit i. S. des § 1569 etwas anderes, als die des § 6 B.G.B. Zwei Beispiele mögen das zeigen.

1. Bei dem Schuster X. entwickelte sich im 4. und 5. Lebensjahrzehnt allmählich eine chronische Paranoia, mit ausgesprochenem Größen- und Verfolgungswahn. Er glaubte zu großen Dingen berufen zu sein und hörte Gottes Stimme. Infolge seiner hohen Mission hatte er viele Neider und Feinde, die gegen ihn hetzten und ihn verleumdeten und u. a. behaupteten, er sei mit einer bestimmten Frau verheiratet und habe mit dieser mehrere Kinder. Diese Ehe bestritt er als nicht zu Recht bestehend. Während die ersterwähnten Vorstellungen Ausdruck seines Größenwahns waren, war die Ehe eine Tatsache. Er hatte die Frau vor seiner Erkrankung rechtsgültig geheiratet und hatte auch 5 Kinder. —

1) S. auch Hoche: Psych. Wochenschr. Bd. II. S. 48.

Abgesehen von seinen Wahnideen war er ein stiller Mensch, der seiner Arbeit nachging, keinen Pfennig zu viel ausgab und ruhig für sich lebte.

Frau und Kinder warf er aus seiner Wohnung heraus und weigerte sich, sie als ihm gehörig anzuerkennen. Er kümmerte sich um sie nicht und wurde nur erregt, wenn sie sich ihm nähern wollten.

Hier war infolge einer geistigen Störung die geistige Gemeinschaft zwischen dem Ehepaar aufgehoben und, da die chronische Paranoia eine unheilbare Erkrankung ist, war auch die Aussicht auf Wiederherstellung derselben geschwunden. Andererseits waren aber die Voraussetzungen für eine Entmündigung — sei es auch nur wegen Geistesschwäche — nicht gegeben.

2. Ich habe vor einigen Jahren einen Paralytiker behandelt, dessen geistige Fähigkeiten so zurückgegangen waren, daß er einem Kinde unter 7 Jahre gleichzusetzen war. Er wurde wegen Geisteskrankheit entmündigt. Andererseits zeigte er jedesmal beim Besuche der Frau große Freude und ließ deutlich erkennen, daß er an Frau und Kindern sehr hing.

In dem ersten Falle waren die Voraussetzungen des § 1569 restlos erfüllt, während eine Entmündigung nicht einmal wegen Geistesschwäche möglich gewesen war. In dem zweiten Falle lag Geisteskrankheit i. S. des § 6 B.G.B. vor, aber die geistige Gemeinschaft zwischen den Ehegatten war nicht aufgehoben.

Daraus folgt, daß die beiden Begriffe nicht vollständig zu identifizieren sind. Der neue Standpunkt des Reichsgerichts, daß Geisteskrankheit i. S. des § 1569 und Entmündigungsreife sich nicht decken, ist der zutreffende und das ist auch von vorneherein einleuchtend. Man muß bedenken, daß im § 6 an die psychische Störung rein rechtsgeschäftliche Bedingungen, im § 1569 ethische Voraussetzungen geknüpft sind, damit Geistes*krankheit* angenommen werden kann. —

Die Zulässigkeit der Ehescheidungen wegen Geisteskrankheit ist auch von einer vorgängigen Entmündigung nicht abhängig. —

Zur Durchführung der Scheidungsklage kann dem Patienten ein Pfleger bestellt werden.

2. Die Dauer der Erkrankung während der Ehe.

Die vor der Eheschließung liegende Krankheitszeit bleibt für die Berechnung stets außer Betracht.

Die hier vorgesehenen 3 Jahre sind von dem Zeitpunkte an zu rechnen, in dem zuerst das Bestehen der Geisteskrankheit festgestellt wurde, nicht etwa schon von da ab, wo Symptome hervorgetreten sind, von denen sich später herausgestellt hat, daß sie durch geistige Erkrankung zu erklären seien (O.L.G. Jena, 20. Nov. 1902, D.R. 1903 Jahrg. 283 Entsch. Nr. 2453).

Also erst von dem Zeitpunkte, zu dem die Diagnose „geistige Störung" sicher gestellt ist, beginnt die dreijährige Frist zu laufen. Das sog. „Vorstadium" mancher Krankheiten wird deshalb nur ausnahmsweise mit eingerechnet werden können.

Die Einrechnung der Zwischenzeit zwischen zwei Anstaltsverwahrungen in die dreijährige Frist ist nicht ausgeschlossen (R.G. IV. 7. II. 16. Recht 1916).

Vorübergehende Besserungen, welche die Krankheit im Verlaufe der drei Jahre erfährt, sind in die Frist einzurechnen. Der geforderte Zeitraum braucht erst zur Zeit der mündlichen Verhandlung, auf die das Urteil ergeht, vollendet zu sein. —

3. Was versteht man unter geistiger Gemeinschaft zwischen den Ehegatten, und wann ist sie aufgehoben?

Zum besseren Verständnis des ganzen Problems ist es nötig, die Entstehungsgeschichte der Bestimmung kennen zu lernen, wie sie in einer Entscheidung (Bd. 97 d. R.G.E. S. 341) aus diesem Jahre dargestellt ist.

Aus der Entstehungsgeschichte des § 1569 B.G.B. ergibt sich, daß der erste Entwurf eine Ehescheidung wegen Geisteskrankheit überhaupt nicht zulassen wollte, weil es praktisch nicht ausführbar sei, diejenigen Fälle, in denen durch die Geisteskrankheit jede geistige Gemeinschaft aufgehoben und der geisteskranke Ehegatte als geistig tot zu betrachten sei, so daß die Fortsetzung der Ehe für ihn, abgesehen von der Unterhaltspflicht, keinen Wert mehr habe, von anderen Fällen zu sondern, in denen die Scheidung sich als eine nicht zu rechtfertigende Härte gegen den Kranken darstellen und von ihm auch als solche empfunden werden könnte (Motive Bd. IV, S. 571). In der zweiten Kommission (Protokolle

Bd. IV, S. 423 ff.) wurden die Bedenken gegen Zulassung der Ehescheidung wegen Geisteskrankheit nicht verkannt, man glaubte aber den Versuch machen zu müssen, sie zu überwinden, namentlich mit Rücksicht darauf, daß die Zulassung in einem großen Teile des deutschen Rechtsgebietes bisher schon geltendes Recht war. Man war sich aber darüber einig, daß nur eine qualifizierte Geisteskrankheit Ehescheidungsgrund sein könne.

Das suchten die gestellten Anträge auf zweierlei Weise zu erreichen:

Der eine wollte die Scheidung zulassen, wenn die Geisteskrankheit vermöge ihres Charakters die häusliche und eheliche Gemeinschaft unmöglich mache, eventuell wenn dem anderen Ehegatten die Fortsetzung dieser Gemeinschaft nicht mehr zugemutet werden könne. (Antrag 2d S. 406 vergl. S. 425); die anderen wollten die Ehescheidung nur zulassen, wenn die Geisteskrankheit einen die geistige Gemeinschaft ausschließenden Grad erreicht habe. Diese letzteren Anträge wurden angenommen und es wurde dabei erwogen, daß die Unmöglichkeit der Fortsetzung der ehelichen Lebensgemeinschaft für sich allein nicht als geeignete Qualifikation einer die Scheidung rechtfertigenden Geisteskrankheit angesehen werden könne, weil sie sonst auch in anderen Fällen, bei dauernder körperlicher Erkrankung ohne Verschulden des erkrankten Teils, zugelassen werden müßte, was ein völliges Aufgeben, nicht nur eine Modifikation des Verschuldungsprinzips bedeuten würde. Richtiger sei es in Analogie zu der Auflösung der Ehe durch den physischen Tod auch den geistigen Tod eines Ehegatten als Auflösungsgrund gelten zu lassen. Wie dieser Gedanke am besten auszudrücken sei, sollte der Redaktionskommission überlassen bleiben; eventuell werde es genügen, mit den zuletzt erwähnten Anträgen die Scheidung dann zuzulassen, wenn die geistige Gemeinschaft aufgehoben sei. In der dementsprechend festgestellten Fassung ist dann die Vorschrift Gesetz geworden.

Aus diesem Entstehungsgange ist der Inhalt und die Bedeutung der Vorschrift deutlich zu erkennen. Wenn auch die Absicht der Kommission, daß nur der „g e i s t i g e T o d", also etwa das vollständige Aufhören geistiger Funktionen, die eigentliche Verblödung (vergl. die im Komm. von R.G.R. zu § 1569 Anm. 5 angeführten Entscheidungen des Reichsgerichts), die Scheidung rechtfertigen solle, im Gesetze nicht zum Ausdrucke gelangt ist, so bringt das Erfordernis der Aufhebung der „geistigen Gemeinschaft" den von der Kommission durch die Ablehnung der betreffenden Anträge beabsichtigten Sinn, daß die Unmöglichkeit einer p h y s i s c h e n körperlichen Gemeinschaft, also eines ehelichen Zusammenlebens, nicht genügen solle, zu deutlichem Ausdruck.

Fußend auf dieser Vorgeschichte bestand anfangs die Neigung, nur Zustände, in denen „geistiger Tod" vorlag, anzuerkennen, später wurden die Entscheidungen milder.

Aus den letzten Jahren zitiere ich folgendes:

Die geistige Gemeinschaft der Ehegatten äußert sich in der gegenseitigen Anteilnahme an dem, was das geistige Leben der Ehegatten erfüllt, also namentlich, an dem körperlichen und geistigen Wohle des anderen Ehegatten und der Kinder sowie an sonstigen Familienangelegenheiten. Diese Anteilnahme darf aber nicht lediglich eine innerliche, sich auf bloße Gefühlsäußerungen beschränkende sein, sondern muß sich durch

Handlungen, die sich als Ausfluß des gemeinsamen Denkens und Fühlens der Ehegatten darstellen, praktisch betätigen (R.G. 15. Mai 15. Recht 1915).

Eine Entscheidung vom 30. 3. 1920 besagt:

Zur geistigen Gemeinschaft gehört danach das auf der verständnisvollen Neigung und dem Vertrauen zu dem anderen Ehegatten beruhende Bewußtsein beider Ehegatten von der Ehe als einem auf sittlichen Rechten und Pflichten fußenden Lebensverhältnis, die daraus sich ergebende Anteilnahme an dem, was das geistige Leben rechter Ehegatten erfüllt, namentlich an dem körperlichen und geistigen Wohle des anderen Ehegatten und der Kinder, und die Betätigung dieser Anteilnahme nicht in bloßen Gefühlsäußerungen, sondern in Handlungen, die sich mehr als der Ausfluß gemeinsamen Denkens und Fühlens darstellen (vergl. R.G. i. Jur. Wochenschr. 1901 S. 297, 1915, S. 786). Ebenso einwandfrei ist auch die — von der Revision ebenfalls nicht angegriffene — Annahme des Berufungsrichters, daß die geistige Gemeinschaft aufgehoben ist, wenn das oben näher umschriebene Verhältnis zerstört und eine tiefinnerliche Entfremdung an seine Stelle getreten ist, ohne daß indessen der kranke Ehegatte den sogenannten geistigen Tod erlitten zu haben braucht (R.G. in Jur. Wochenschr. 1905, S. 370). —

Man sieht daraus, daß die geistige Gemeinschaft ein sehr komplizierter Begriff ist, der noch weiter zerlegt werden muß.

Wenn man nun in den schon ergangenen Entscheidungen nach Einzelheiten sucht, so findet man die Punkte, welche ich in meinem Lehrbuch bereits angegeben habe, in erster Linie wieder, nämlich:

Nahrung, Wohnung, Kleidung, Kindererziehung, Verwaltung des Besitzes, Sorge bei Krankheit, Geschlechtsverkehr. Das ist die materielle Basis der gemeinsamen Interessen. Dazu kommt dann das wechselseitige Eingehen auf Wünsche, Stimmungen und Denkweise, die Gestaltung der äußeren Lebensführung entsprechend der seelischen Veranlagung beider Ehegatten, gemeinsame Betätigung geistiger und künstlerischer Interessen, Dokumentierung engster Zusammengehörigkeit gegenüber Dritten, Gemeinsamkeit in Freud und Leid. (Ideelle Komponente.)

Damit hat der Begriff der geistigen Gemeinschaft einen konkreteren Inhalt bekommen und entspricht der Definition, welche ich früher davon gegeben habe:

„Geistige Gemeinschaft ist die Erkenntnis, daß gemeinsame soziale und ethische Interessen zwischen den Ehegatten bestehen, und die Mitarbeit an der Förderung dieser Interessen.“

Notwendig ist dabei allerdings, daß nicht nur das Verständnis für diese Fragen bei den Ehegatten vorhanden ist, sondern es muß auch eine Betätigung [1]) der erkannten Notwendigkeiten erfolgen, soweit die körperlichen und geistigen Fähigkeiten des Einzelnen das gestatten.

Diese Betätigung darf selbstverständlich nicht der Ausfluß krankhafter Motive (Psych. Wochenschr. 1901, S. 29), z. B. von Wahnideen sein (R.G. II. 20; E.R.G. Bd. 97. S. 342).

Wenn man die Entwickelung, die der Begriff „geistige Gemeinschaft" genommen hat, verfolgt, so wird man unwillkürlich an den Begriff „Angelegenheiten" des § 6 B.G.B. erinnert. Hier wie dort muß der kurz gefaßte Ausdruck, den das Gesetz bringt, in Unterabteilungen zerlegt und es muß dann weiter geprüft werden, wie weit die Besorgung der Angelegenheiten bzw. die Betätigung der geistigen Gemeinschaft behindert ist, wenn man prüfen will, ob die Voraussetzungen des § 6 bzw. 1569 B.G.B. erfüllt sind.

Aufgehoben ist die geistige Gemeinschaft dann, wenn die im konkreten Falle wichtigsten Interessen infolge der geistigen Erkrankung als solche nicht mehr erkannt oder nicht mehr betätigt werden.

Bei der Begutachtung bzw. Beurteilung des Einzelfalles muß man also prüfen:

1. Welches sind die wichtigsten gemeinsamen Interessen, die die beiden klagenden Eheleute verbinden sollen?

2. Wie weit betätigt der beklagte Teil dieselben noch?

Belanglos ist es dabei, daß die Gatten infolge der Krankheit des einen (Anstaltsbehandlung) räumlich getrennt leben müssen. Selbst dann, wenn infolge krankhafter Eigenschaften des einen (Eifersuchtswahn) eine häusliche Gemeinschaft dauernd ausgeschlossen ist, braucht die geistige Gemeinschaft nicht aufgehoben zu sein. Das Reichsgericht nimmt vielmehr an, daß auch eine briefliche Betätigung derselben möglich ist (R.G.E. Bd. 97).

Notwendig ist es, die konkreten Umstände des Einzelfalles zu prüfen. Wie schwer die Beurteilung sein kann, zeigt der nachstehende Auszug aus einer älteren Entscheidung [2]):

1) Hahn: Ärztl. Sachv.-Ztg. 1900. S. 5.

2) S. Gerstenberg. Psych. Neurolg. Wochenschr. Bd. VII. S. 125.

Ob wirklich eine Aufhebung vorliegt, ist nur nach den konkreten Verhältnissen jedes einzelnen Falles zu entscheiden, und im vorliegenden Falle kommt dafür in Betracht, daß die geistigen Fähigkeiten und Interessen des Beklagten von Jugend auf sehr geringe waren, er hatte ein menschenscheues, schweigsames Wesen und neigte zum Grübeln und Träumen. So war der Beklagte bei Eingehung der Ehe; sein Zustand verschlimmerte sich dann namentlich infolge der Angst und Sorge bei einer schweren Krankheit seiner Frau, und er selbst hat dem San.-Rat Dr. G. bei der jetzigen Untersuchung angegeben, dadurch sei er so heruntergekommen, er habe sich Gedanken wegen seiner Kinder gemacht. Demnach kann man nur sagen, daß die geistige Gemeinschaft zwischen dem Beklagten und seiner Ehefrau, die infolge seiner geringen Intelligenz und seines grübelnden, träumerischen und schweigsamen Wesens immer nur auf niedriger Stufe stand, durch Verschlimmerung seines Geisteszustandes noch mehr getrübt, nicht aber, daß sie aufgehoben ist. Die Verschlimmerung des Geisteszustandes des Beklagten, woran dieser nach der Beweisaufnahme gar keine Schuld trägt, ist eine Krankheit, die die Klägerin als Ehefrau, welche Freud und Leid mit ihrem Ehemann zu teilen hat, tragen muß, wie sie auch schwere körperliche Krankheit zu ertragen haben würde. —

Man sieht aus dieser Entscheidung, daß bei geistig einfach organisierten Naturen sehr wenig dazu gehört, die Aufhebung der geistigen Gemeinschaft abzulehnen.

In einem anderen Falle (R.G.E. Bd. 97) wurde angenommen, daß Verständnis für die materielle Sicherstellung der Kinder und Interesse für die Familie genüge, die geistige Gemeinschaft auch dann fortbestehen zu lassen, wenn die beiden Ehegatten nicht zusammen leben konnten. —

Ich füge noch die nachstehende Entscheidung hinzu, die wohl einen Spezialfall betrifft:

Die Scheidung aus § 1569 ist dem gesunden Gatten zu versagen, wenn der völlige Ehezerfall durch die Versagung jeden Entgegenkommens gegenüber dem Leiden des anderen Gatten verursacht ist.

Wann ist die Wiederherstellung der geistigen Gemeinschaft als „ausgeschlossen“ anzusehen?

Ausführlich spricht sich darüber eine kürzlich ergangene Entscheidung (R.G.E. Bd. 98, S. 296) aus. Sie sagt folgendes:

In Widerspruch zu dem Berufungsurteil und den ihm zugrunde liegenden ärztlichen Gutachten sucht die Revision zunächst auszuführen, daß es nicht erforderlich sei, jede bloße Möglichkeit einer Wiederherstellung der geistigen Gemeinschaft zu verneinen, es genüge vielmehr, wenn eine wissenschaftlich begründbare Aussicht auf diese Wiederherstellung nicht vorliege. Der hier gemachte Unterschied zwischen Möglichkeit und Aussicht ist als vorhanden anzuerkennen, wenn auch der Sprachgebrauch regelmäßig nicht so scharf zu unterscheiden pflegt. Eine Möglichkeit kann häufig schon deswegen nicht ausgeschlossen werden, weil die menschlichen

Erkenntnismittel unzulänglich sind und der menschliche Einblick in das Wirken und Walten der Natur trotz aller Fortschritte unvollkommen bleibt. Im Gegensatz dazu ist eine bestimmte Aussicht erst dann als nicht ausgeschlossen anzunehmen, wenn ein irgendwie greifbarer Anhalt für ihre Verwirklichung besteht, wenn man je nach dem persönlichen Standpunkte von Hoffnung oder Befürchtung sprechen kann, wenn also ein gewisser Grad von Wahrscheinlichkeit dafür besteht, daß die Aussicht sich verwirklicht.

Wichtig ist die folgende Ergänzung der obigen Ausführungen:

Die Scheidung muß nicht deshalb abgelehnt werden, weil der geisteskranke Ehegatte zeitweise Verständnis für die geistige Gemeinschaft hat (R.G. IV. 7. 2. 16; Recht 1915).

Die vorstehende Entscheidung, welche unseren Kenntnissen von der Prognose der Geisteskrankheiten gerecht wird, soll besagen, daß nicht jede Krankheit, von der einige wenige Fälle eine Besserung erfahren, als prognostisch günstig vom Standpunkte unserer Gesetzesbestimmungen anzusehen ist, sondern daß nach den allgemeinen Erfahrungen eine gewisse Wahrscheinlichkeit für die Wiederherstellung der geistigen Gemeinschaft bestehen muß.

Daß im übrigen jeder einzelne Fall gesondert betrachtet werden muß, wird sich aus den späteren Ausführungen ergeben.

Irrtümer in der Prognosenstellung werden selbst bei größter Erfahrung des Sachverständigen gelegentlich vorkommen. —

In der älteren Literatur hat die Frage der Spätgenesungen [1]) eine gewisse Rolle gespielt. Ich habe den Eindruck, als ob man solchen Einzelfällen zu viel Bedeutung beigemessen hat und daß sie zu einer allzugroßen Zurückhaltung bei der Prognosenstellung verleiteten. Durch die neuesten Entscheidungen ist auch darüber Klarheit geschaffen worden. —

Wenn wir nach diesen juristischen Vorbemerkungen uns die Frage vorlegen, welche geistige Störungen [2]) in erster Linie für den § 1569 in Betracht kommen, so ergibt sich aus einer Zusammenstellung von 34 Fällen, daß darunter:

9 von Dementia praecox (Jugendirresein),

5 von progressiver Paralyse (Gehirnerweichung),

---

1) Kreuser. Zeitschr. f. Psych. Bd. 57.

2) Artmann: J. D. Erlangen. 1910. E. Schultze in Hoches Handbuch, Bürgl., Friedreichs Bl. f. ger. Med. 1900.

5 von manisch-depr. Irresein,
4 von chronischem Alkoholismus,
2 von Paranoia chronica (chron. Verrücktheit),
2 von Hysterie,
2 von progressiven Zwangvorstellungspsychosen,
1 von Schwachsinn,
1 von Huntingtonscher Chorea,
1 von multipler Sklerose,
1 von Gehirnsyphilis,
1 von Morphinismus sich befanden,

Von diesen wurden in 4 Fällen (drei manisch-depressiven und einer Hysterie) die Ehescheidungen abgelehnt.

Verhältnismäßig wenig Schwierigkeiten bereiten die Fälle von Dementia praecox[1]. Der Beginn der dreijährigen Frist läßt sich im allgemeinen leicht feststellen. Daß es sich um eine Geisteskrankheit handelt, ist leicht zu beweisen. Die geistige Gemeinschaft ist aufgehoben, weil das Gefühlsleben des Pat. eine schwere Beeinträchtigung erfahren hat, sein Interesse für die Familie, ja für die ganze Außenwelt geschwunden ist. Die Aussichten für die Zukunft sind ungünstige. Mit einer Heilung oder so weitgehenden Besserung, daß dadurch die geistige Gemeinschaft wieder hergestellt werden könnte, ist praktisch nicht zu rechnen.

Klar liegen auch die Fälle von Gehirnerweichung[2]. So lange diese Krankheit noch als unheilbar gelten muß (die neueren therapeutischen Versuche gestatten eine andersartige Beurteilung für forensische Zwecke noch nicht), können auch vorübergehende Besserungen (Remissionen) an der dauernden Aufhebung der geistigen Gemeinschaft nichts ändern.

Schwieriger liegen die Verhältnisse bei den Manisch-Depressiven. Das Reichsgericht hat sich im letzten Jahre gerade mit einem solchen Falle auseinanderzusetzen gehabt. Es sprach sich gegen die Möglichkeit der Scheidung aus. Dieser Standpunkt ist berechtigt, wenn man bedenkt, daß die freien Zeiten zwischen den einzelnen Anfällen in jenem Falle bis zu 12 Jahren betrugen.

1) Bott, Friedreichs Blätter f. ger. Med. 52. Jahrg. S. 15. Raecke: Handb. der Sachv.-Tätigkeit Leipzig, Wien 1909. Aschaffenburg: Katatoniefrage Z. f. Psych.54 S. 1004.

2) Illberg: Arch. f. Krim. Anthrop. Bd. 46.

Ich habe Fälle gesehen, die doch wesentlich anders lagen. So ist von mir eine Dame von hoher Intelligenz und aus sehr begüterter Familie stammend, begutachtet worden, die jedesmal ein bis einhalb Jahre hypomanisch war, während dieser Zeit die eheliche Wohnung verließ, unstet umher reiste, viel Geld ausgab, Hochstapeleien beging, den Mann blamierte, sich um das Kind nicht kümmerte, sich meist auch in einen anderen Mann verliebte, und die Aufnahme der häuslichen Gemeinschaft verweigerte. Die der Erregung folgende ruhigere Phase betrug nur 2—3 Monate, dann setzte eine neue Exaltation ein. So ging das bereits seit vielen Jahren. Sie starb während des Scheidungsprozesses. Ich bin sicher, daß hier der § 1569 wohl hätte Anwendung finden können.

Die Dauer der freien Zeiten, das eheliche Verhalten während der Krankheitsphasen und schließlich die Persönlichkeit [1]), die in den freien Zeiten übrig bleibt, müssen gesondert betrachtet werden, wenn man zu einem richtigen Urteil kommen will. Zu bedenken bleibt, daß die Äußerungen der manisch-depressiven Anlage unter Umständen für sich allein das eheliche Leben sehr ungünstig beeinflussen können.

In anderen von mir beobachteten Fällen wechselten — im mittleren Alter einsetzend — ständig manische und depressive Phasen [2]), so daß es während einer Reihe von Jahren überhaupt nicht mehr zu freien Zeiten kam. Oder schwerste manische Attacken wechselten mit leichteren ab. Schwierigkeiten bereiteten in der Ehe die Pat. aber immer.

Ein Unterschied zwischen den manischen und depressiven Zuständen besteht übrigens insofern, als die depressiven weniger störend auf die geistige Gemeinschaft einwirken, als die manischen. —

Nahe verwandt mit den Manisch-Depressiven sind die von Heilbronner so genannten progressiven Zwangsvorstellungspsychosen.

Zwangsvorstellungen, Zwangshandlungen und eine gewisse Hemmung bewirken, daß ein solcher Pat. ebensowenig

1) S. auch Naecke: psych. Wochenschr. Bd. 2. Vorster: Psych. Wochenschr. Bd. 4. Aschaffenburg: Diskussion zu Kreusers Vortrag im D. Verein f. Psych. 1900. Allg. Zeitschr. f. Psych. Bd. 57. S. 537 u. ff

2) S. Hierzu Sieffert in Gerichtl. Medizin 1914 Leipzig. Ferner Marthen, Ärztl. Sachv.-Ztg. 1901.

für die Ehe geeignet ist, wie ein alter Fall von Dementia praecox. An die Geduld des anderen Ehepartners stellen diese Fällen derartig hohe Ansprüche, daß mit der Zeit selbst bei bestem Willen die geistige Gemeinschaft aufgehoben ist. Die Prognose der von mir beobachteten Fällen war ungünstig. —

Eine weitere Gruppe von Kranken wird durch ein organisches Gehirnleiden dement (multiple Sklerose, Gehirnsyphilis, Korsakowscher Symptomenkomplex). Es kann dabei zu so hochgradiger Verblödung kommen, daß man auch von geistigem Tod zu sprechen berechtigt ist.

Rückgang der intellektuellen Fähigkeiten, Reizbarkeit und ethische Depravation waren es auch in einem Falle von Huntingtonscher Chorea, die die geistige Gemeinschaft aufhoben, und zwar in Verbindung mit gewissen anderen Unannehmlichkeiten, die das Leiden [1]) mit sich brachte. Der Pat. hatte die choreatischen Zuckungen derartig stark, daß er und seine Umgebung nach jeder Mahlzeit mit Speiseteilen bespritzt waren, selbst wenn er gefüttert wurde. Die Kranken auf der Abteilung weigerten sich deshalb, mit ihm zusammen zu essen. Auf die Frau wirkte dieser Umstand in Verbindung mit den übrigen Symptomen gleichfalls abschreckend. —

Bei den Alkoholisten, welche ich begutachtete, handelte es sich um alkoholischen Eifersuchtswahn, einmal auch um eine Korsakowsche Psychose, die mit starken Gedächtnis- und Merkfähigkeitsstörungen dauernd bestehen blieb. —

Daß bei Dipsomanie unter Umständen die Bedingungen des § 1569 erfüllt sein können, besagt eine Entscheidung vom 14. 4. 05 (Recht 1905, S. 314 Nr. 1468), von der ich wegen ihrer prinzipiellen Wichtigkeit folgendes wiedergebe:

Außerdem ist die durch das anstößige öffentliche Treiben der Beklagten bewirkte Aufhebung der Gemeinschaft eine so intensive, daß sie durch in den Zwischenräumen eintretende Rückkehr zu angemessener Führung nicht rückgängig gemacht werden kann. Da vielmehr infolge der Unheilbarkeit der Dipsomanie die Trunksuchtsanfälle sich in ziemlich regelmäßig wiederkehrenden Zwischenräumen wiederholen, jede die zwischen den Parteien bestehende Kluft erweitert, ist an eine Wiederaufnahme ihrer Gemeinschaft nicht zu denken.

---

1) A. Cramer berichtet über einen Fall, in dem Blindheit neben psychischen Erscheinungen mitwirkte. Die Ehescheidung wurde aus anderen Gründen abgelehnt (Psych. Wochenschr. Bd. 2, S. 429).

(Vollständig abgedruckt ist die Entscheidung in der Psych.-neurol. Wochenschrift. Bd. VII S. 187.)

Chronische Paranoia (chron. Verrücktheit) fand sich zweimal. Beide Male richteten sich die Wahnideen direkt oder indirekt gegen Frau und Kinder.

Die Schwierigkeit, welche hier bestand, lag vielmehr in dem Nachweis der Krankheit selbst.

In einem meiner Fälle handelte es sich z. B. um die Frau eines hohen Offiziers, die sich und ihre Familie von Spionen umgeben glaubte und infolgedessen Maßnahmen traf, die ihrem Mann die Stellung kosteten und zu völliger Vernichtung der geistigen Gemeinschaft führten.

Sie halluzinierte nur wenig. Alles, was sie vorbrachte, lag auch nicht ganz außerhalb des Bereichs der Möglichkeit, ein Umstand, der es außerordentlich erschwerte, zu beweisen, daß ihr Handeln krankhaften Vorstellungen entsprang.

Unter den Schwachsinnigen sind diejenigen mit leichter Beeinflußbarkeit in der Ehe besonders gefährdet. Alles, was ihnen von klatschsüchtigen Menschen zugetragen wird, nehmen sie an und verwerten es gegen den anderen Ehegatten. Manchmal ist infolgedessen Scheidung gemäß § 1569 möglich. —

Von den Alterserkrankungen — ich selbst habe einen solchen Fall nie begutachtet — kommt in erster Linie der senile Beeinträchtigungswahn und die senile Demenz in Frage. Namentlich die Kranken mit Beeinträchtigungsideen, welche wir beobachtet haben, waren außerordentlich schlecht gegen ihre Familie, so daß von einer geistigen Gemeinschaft keine Rede sein konnte. —

Besonders hervorhebenswert ist schließlich noch, daß ich zwei Fälle von Hysterie untersucht habe, die beide gemäß § 1569 geschieden waren, die eine sogar zweimal.

In beiden bestand pathologische Eifersucht, verbunden mit Selbstüberschätzung, Neigung zu phantastischen Erzählungen und Entstellungen, mangelhafter Reproduktionstreue, Stimmungslabilität, und gesteigerte Erotik. Die zweimal Geschiedene wurde dann wegen Geisteskrankheit entmündigt, und lebte in Bonn mit einer kleinen Rente. Sie wirtschaftete ganz selbständig und vernünftig, ohne ihrer Umgebung aufzufallen, die ihr Schicksal nicht kannte. —

Eine Sonderstellung nehmen die beiden folgenden Beobachtungen ein.

Der in meiner Tabelle angeführte Fall von **Morphinismus** betrifft eine junge Frau der besten Gesellschaft, die von ihrem Manne zum Morphiummißbrauch verleitet worden war. Beide führten dann teils getrennt, teils gemeinsam ein Hochstaplerdasein. Da die Frau schließlich der Not preisgegeben war, ließ sie sich gemäß § 1569 scheiden. Beide Ehegatten waren dem Morphiummißbrauch gleich hoffnungslos verfallen.

Hier hätten beide Ehegatten gegeneinander auf Ehescheidung wegen Geisteskrankheit klagen können. Das ist das eine Bemerkenswerte an dem Fall. Daneben zeigt er von neuem, welche Gefahr ein Psychopath für den anderen in der Ehe bilden kann. —

Schließlich möchte ich noch auf einen Fall, über den Kalmus [1]) ausführlich berichtet, kurz eingehen.

Dieser Autor beschreibt ein Ehepaar, bei dem die Frau — eine chronische Paranoia — bei jedem längeren Zusammensein mit dem Manne auf diesen ihre Wahnvorstellungen übertrug (induziertes Irresein).

In diesem Falle war trotz beiderseitiger schwerer Krankheit die geistige Gemeinschaft zwischen den Ehegatten nicht aufgehoben.

Manchmal wird es in ähnlich liegenden Fällen wohl möglich sein, gegen den Kränkeren, nicht heilbaren, primär erkrankten Gatten auf Ehescheidung zu klagen. —

Es kommt beim **Altersschwachsinn** und bei der **Gehirnerweichung** gelegentlich vor, daß beide Ehegatten zu gleicher Zeit an demselben Leiden erkranken. Ich habe mehrere derartige Fälle gesehen. An Ehescheidung hat dabei aber niemand gedacht. Die geistige Gemeinschaft war auch bis zur Anstaltsinternierung nicht aufgehoben. —

Nach § 623 Z.P.O. darf auf Scheidung wegen Geisteskrankheit nicht erkannt werden, bevor das Gericht einen oder mehrere Sachverständige über den Geisteszustand des Beklagten gehört hat.

Zwangsweise Vorführung des Beklagten lediglich zum Zwecke, ärztliche Beobachtung herbeizuführen, ist der ersuchte und beauftragte Richter nicht befugt (J. W. 1918. S. 433).

1) Arch. f. Psych. Bd. 35, S. 188.

IX. Verlust des Scheidungsrechts.

a) Verzeihung.

§ 1570. Das Recht auf Scheidung erlischt in den Fällen der §§ 1565 bis 1568 durch Verzeihung.

Die Verzeihung kann durch Handlungen formlos und stillschweigend erfolgen. Erforderlich ist Erkenntnis der Bedeutung der Verzeihung, nicht unbedingt aber Geschäftsfähigkeit [1]), Verzeihung setzt Bereitsein zur Fortsetzung der Ehe voraus. Widerruf ist unwirksam.

An wichtigen Entscheidungen sind mir die folgenden bekannt geworden:

Die Verzeihung ist keine rechtsgeschäftliche Willenserklärung. Es kommt bei ihr nicht nur auf die abgegebene Erklärung an, zumal wenn es sich um eine in starker Gemütserregung abgegebene Erklärung handelt; entscheidend ist vielmehr die innere Stimmung und der auf solcher beruhende ernste Entschluß. Unter Umständen ist daher selbst eine ausdrücklich erklärte Verzeihung noch keine Verzeihung im Sinne des Gesetzes (Hamburg, 23. Mai 1910).

Die Wirksamkeit einer Verzeihung wird dadurch nicht ausgeschlossen, daß der Verzeihende wegen Geisteskrankheit entmündigt ist. Die Verzeihung ist kein Rechtsgeschäft. Die Fähigkeit zu verzeihen bemißt sich nicht nach den Vorschriften des B.G.B. über die Geschäftsfähigkeit (III. 4. XI. 13. Recht 1914. E. Nr. 3148).

Der geheime Vorbehalt, in Wirklichkeit dennoch mit der Scheidungsklage vorzugehen, tut der Wirksamkeit der Verzeihung keinen Eintrag. Die mit dem äußeren, eine Verzeihung darstellenden Verhalten in Widerspruch stehende innere Gesinnung ist, sofern sie nicht auch dem anderen Teile erkennbar war, rechtlich ohne Bedeutung (R.G. IV. 1. Mai 1905. D.R. § 530 Entsch. Nr. 21. 14).

Zu dem Kapitel Verzeihung ist zweierlei ärztlicherseits zu bemerken:

Sie wird nicht ganz selten erteilt unter dem Zwange wirtschaftlicher Not, d. h. der schlecht behandelte Ehegatte (meist die Frau) hat kein Geld, ist nicht in der Lage sich selbst zu ernähren und muß infolgedessen alles über sich ergehen lassen. Daß in solchen Fällen trotz der Verzeihung die Ehe zerrüttet bleibt, ist selbstverständlich.

Noch wichtiger ist die Tatsache, daß durch Gewährung der Beiwohnung nicht regelmäßig auch die vorgekommenen Verfehlungen verziehen werden[2]).

1) „Ein geschäftsunfähiger Gatte kann nicht rechtswirksam verzeihen, es sei denn, daß er trotz des Mangels der Geschäftsfähigkeit imstande ist, das Wesen der Ehe verständig zu würdigen.“ Komm. der Reichsger.-Räte.

2) Ob in dem freiwilligen Beischlafe des einen Ehegatten eine stillschweigende Verzeihung liegt, richtet sich nach den Umständen des ein-

Nicht ganz selten liegen die Verhältnisse vielmehr so, daß die Frau nur nicht widerstrebt, weil sie dann neue Drangsalierungen zu befürchten hat. Abgesehen davon würde auch der Geschlechtsakt direkt erzwungen werden. (Betrunkene!)

Daß der Geschlechtsakt in vielen Ehen, z. B. da, wo chronischer Alkoholismus eines der Gatten vorliegt, nicht die Bedeutung einer Aufhebung der Zerrüttung hat, ergibt sich auch schon aus der Tatsache, daß es unmittelbar danach zu neuen Szenen kommt.

Die folgende Entscheidung zeigt das deutlich:

Daß auch eine derartige Verfehlung (— der dem Trunke ergebene Beklagte hatte mit der Klägerin am Morgen eines bestimmten Tages den als Verzeihung gedeuteten Beischlaf vollzogen und am Nachmittag desselben Tages sich wieder dem Trunke ergeben und den aufregenden und beängstigenden Vorfall, eine Bedrohung mit einem Revolver versucht —) zur Erfüllung des bedingten Scheidungsgrundes aus § 1568 des Bürgerlichen Gesetzbuches herangezogen werden kann — nur als eine solche kommt sie in Betracht, — nicht als selbständiger Scheidungsgrund — unterliegt keinem Bedenken Es ergibt sich dies insbesondere auch aus der Erwägung, mit der das Berufungsgericht das Vorbringen des Beklagten als unerheblich verwirft, daß er nunmehr dem Trunke nicht mehr ergeben sei.

„Denn es ist eine bekannte Erfahrungstatsache," so führt das Berufungsgericht aus, „daß Trunksüchtige nach vorübergehender Heilung leicht wieder rückfällig werden, und das Zugeständnis des Beklagten beweist, daß er sich wieder dem Trunke ergeben hat, nachdem er bereits eine Zeit lang nach der Entziehungskur in L. geheilt gewesen war. Die vorübergehende Besserung des Beklagten, welche sehr wohl auf den Einfluß der Ehescheidungsprozedur, zum Zwecke der Einwendung gegen die Klage zurückgeführt werden kann, bietet der Klägerin nicht für die Zukunft die hinreichende Gewähr dafür, daß der Beklagte über kurz oder lang nicht wieder dem Trunke sich ergibt und daß die Klägerin nicht wieder dem unerträglichen Zusammenleben mit dem trunksüchtigen Beklagten unter all den unangenehmen Verhältnissen ausgesetzt ist, welche aus der Trunksucht gewöhnlich entstehen und nach dem Ergebnisse des Zeugenbeweises in für die Klägerin sogar Gefahr drohender Weise hervorgetreten sind" (R.G. IV. C. S. z. VI. 1902. J. W. Beilage Nr. 5 pag. 223). (S. auch Psych. Wochenschr. Bd. 5 S. 31.)

---

zelnen Falles. J. W. 1906. S. 752 Nr. 24 u. 25. Fortsetzung des ehelichen Verkehrs nach Eheverletzungen i. S. des § 1568 kann als Verzeihung oder als mangelndes Tatbestandsmerkmal (Empfindung der Fortsetzung der Ehe als eine unerträgliche Last) in Betracht kommen (R.G. 6. 6. 07). In der Fortsetzung der Geschlechtsgemeinschaft kann sowohl Verzeihung als auch ein Verzicht auf die Anfechtung der Ehe liegen (R.G 10. 4. 05).

Außer durch Verzeihung kann auch durch **Verzicht** das Recht auf Scheidung erlöschen. In diesem Falle gelten die allgemeinen Regeln über Rechtsgeschäfte.

b) Durch Zeitablauf.

§ 1571. Die Scheidungsklage muß in den Fällen der §§ 1565 bis 1568 binnen 6 Monaten von dem Zeitpunkt an erhoben werden, in dem der Ehegatte von dem Scheidungsgrunde Kenntnis erlangt. Die Klage ist ausgeschlossen, wenn seit dem Eintritte des Scheidungsgrundes zehn Jahre verstrichen sind.

Die Frist läuft nicht, so lange die häusliche Gemeinschaft der Ehegatten aufgehoben ist. Wird der zur Klage berechtigte Ehegatte von dem anderen Ehegatten aufgefordert, entweder die häusliche Gemeinschaft herzustellen oder die Klage zu erheben, so läuft die Frist von dem Empfange der Aufforderung an.

Der Erhebung der Klage steht die Ladung zum Sühnetermine gleich. Die Ladung verliert ihre Wirkung, wenn der zur Klage berechtigte Ehegatte im Sühnetermine nicht erscheint oder wenn drei Monate nach der Beendigung des Sühnverfahrens verstrichen sind und nicht vorher die Klage erhoben worden ist.

Auf den Lauf der sechsmonatigen und der dreimonatigen Frist finden die für die Verjährung geltenden Vorschriften der §§ 203, 206 entsprechende Anwendung.

Ich führe zu dieser Bestimmung folgende Entscheidungen an:

Dem Kenntniserlangen vom Scheidungsgrunde steht ein Kennenmüssen nicht gleich (R.G. IV. 12. Okt. 1905), D.R. 1906 § 1138 Entsch. Nr. 2629).

Die Klagefrist wird durch Ladung zum Sühnetermin gewahrt auch ohne Angabe bestimmter Scheidungsgründe (R.G. IV. C. S. 16 VI 1902, Seuff. Archiv III 1904 S. 21 Entsch. Nr. 110).

Wenn Trunksucht zwar fortdauert, aber innerlich ein Moment hinzugetreten ist, das ihr das Schuldhafte und damit die Eigenschaft als Scheidungsgrund nimmt, so läuft gegen den unschuldigen Teil die Präklusivfrist von 6 Monaten erst dann, wenn er von jenem inneren Moment Kenntnis erhält, und zwar erst von dieser Kenntnis ab (Dresden, 17. Mai 1907, D.R. Sp. 129 Entsch. Nr. 772).

Dadurch, daß in einem Falle, wo sich der Tatbestand schwerer Verletzung der durch die Ehe begründeten Pflichten, ehrlosen oder unsittlichen Verhaltens erst allmählich verwirklicht, der andere Teil, sei es in der Hoffnung auf Besserung, sei es aus anderen löblichen Bewegungsgründen die Erhebung der Scheidungsklage anstehen läßt, wird an der Verwirkung des Scheidungsrechts durch Fristablauf nichts geändert. Hat ein Ehegatte bis zum 1. Juli 1902 durch Trunksucht sich einer Eheverfehlung im Sinne des § 1568 B.G.B. schuldig gemacht, kann er aber für das weitere fortgesetzte unmäßige Trinken wegen geistiger Erkrankung nicht mehr verantwortlich gemacht werden, so ist für den anderen Teil das Scheidungsrecht aus § 1568 B.G.B. verloren, wenn er bei fortgesetzter häuslicher Gemeinschaft nicht binnen sechs Monaten nach dem 1. Juli 1902 die Scheidungsklage erhoben hat. Unerheblich ist in dieser Beziehung, wann der unschuldige Teil von der geistigen Erkrankung des anderen Ehegatten Kenntnis erlangt hat (RG. IV. 5. März 1908, D.R. Sp. 269. Entsch. Nr. 1578).

§ 1572. Ein Scheidungsgrund kann, auch wenn die für seine Geltendmachung in § 1571 bestimmte Frist verstrichen ist, im Laufe des Rechtsstreits geltend gemacht werden, sofern die Frist zur Zeit der Erhebung der Klage noch nicht verstrichen war.

§ 1573. Tatsachen, auf die eine Scheidungsklage nicht mehr gegründet werden kann, dürfen zur Unterstützung einer auf andere Tatsachen gegründeten Scheidungsklage geltend gemacht werden.

X. Schuldausspruch.

§ 1574. Wird die Ehe aus einem der in den §§ 1565 bis 1568 bestimmten Grunde geschieden, so ist in dem Urteil auszusprechen, daß der Beklagte die Schuld an der Scheidung trägt.

Hat der Beklagte Widerklage erhoben und wird auch diese für begründet erkannt, so sind beide Ehegatten für schuldig zu erklären.

Ohne Erhebung einer Widerklage ist auf Antrag des Beklagten auch der Kläger für schuldig zu erklären, wenn Tatsachen vorliegen, wegen deren der Beklagte auf Scheidung klagen könnte oder, falls sein Recht auf Scheidung durch Verzeihung oder durch Zeitablauf ausgeschlossen ist, zur Zeit des Eintritts des von dem Kläger geltend gemachten Scheidungsgrundes berechtigt war, auf Scheidung zu klagen.

XI. Aufhebung der ehelichen Gemeinschaft.

§ 1575. Der Ehegatte, der auf Scheidung zu klagen berechtigt ist, kann statt auf Scheidung auf Aufhebung der ehelichen Gemeinschaft klagen. Beantragt der andere Ehegatte, daß die Ehe, falls die Klage begründet ist, geschieden wird, so ist auf Scheidung zu erkennen.

Für die Klage auf Aufhebung der ehelichen Gemeinschaft gelten die Vorschriften der §§ 1573 und 1574.

XII. Scheidung nach Aufhebung der ehelichen Gemeinschaft.

§ 1576. Ist auf Aufhebung der ehelichen Gemeinschaft erkannt, so kann jeder der Ehegatten auf Grund des Urteils die Scheidung beantragen, es sei denn, daß nach der Erlassung des Urteils die eheliche Gemeinschaft wieder hergestellt worden ist.

Die Vorschriften des §§ 1570 bis 1574 finden keine Anwendung; wird die Ehe geschieden, so ist der für schuldig erklärte Ehegatte auch im Scheidungsurteile für schuldig zu erklären.

Schluss.

Es sind jetzt 20 Jahre vergangen, seitdem das bürgerliche Recht in Deutschland eingeführt worden ist.

Seine Ehegesetzgebung ist schon beim Inkrafttreten nicht von allen Volkskreisen gebilligt worden. Einzelne Autoren haben sie sogar bereits im Jahre 1900 als einen Rückschritt bezeichnet.

Was haben uns nun die zwei inzwischen vergangenen Jahrzehnte gelehrt? Das ist etwa folgendes:

1. Unsere obersten Gerichte und die Wissenschaft haben sich erfolgreich bemüht, die Anwendbarkeit der zum Teil recht unbestimmten Begriffe des Gesetzestextes durch Interpretation zu erleichtern. Insofern ist während der verflossenen zwanzig Jahre viel gewonnen worden.

2. Es hat sich gezeigt, daß bei der Anfechtung der Ehe sowohl die Frage, ob die Anfechtungsfrist gewahrt ist, wie auch die Frage des Irrtums sehr schwer zu entscheiden ist und daß Härten sich nicht vermeiden lassen.

3. Wir haben Fälle kennen gelernt, in denen eine gerechte Entscheidung der Schuldfrage kaum möglich ist und solche Fälle kommen nicht ganz selten vor.

4. Wer unter der ärmeren Bevölkerung der Großstädte gelebt hat, die doch einen beträchtlichen Teil des gesamten Volkes bildet, der weiß, daß die ethischen Voraussetzungen, von denen der Gesetzgeber ausgeht, in diesen Kreisen nicht allzu häufig zu finden sind, oder, wenn sie vorhanden sind, unter dem Einfluß wirtschaftlicher Not und ungestillten Lebenshungers verkümmern.

5. Dem Rechtsempfinden des Volkes widerspricht es, daß bisweilen, um eine Scheidung zu ermöglichen oder zu beschleunigen, Verabredungen getroffen werden, die geeignet sind, dem Richter ein falsches Bild von dem wahren Sachverhalt zu geben.

6. Ehescheidungs- und Anfechtungsprozesse, in denen geistige Abweichungen eine Rolle spielen, dauern zum Nachteil der Parteien oft zu lange.

7. Es fehlt eine Möglichkeit, Ehen zu scheiden, in denen die eheliche Gesinnung unwiderruflich verloren ist, ein n a c h w e i s b a r e s Verschulden aber nicht vorhanden ist.

8. Es fehlt eine Möglichkeit, Ehen zu scheiden, in denen der kranke Ehegatte infolge geistiger Abweichung nicht schuldhaft handelt, die Geistesstörung aber heilbar ist, d. h. es fehlt eine Bestimmung, die die zwischen § 1568 und 1569 gelegenen Fälle umfaßt.

9. Mit Rücksicht auf die Unsicherheit der psychiatrischen Prognosenstellung ist eine milde Handhabung des § 1569 notwendig geworden. Sie kommt in der neueren Rechtssprechung teilweise zum Ausdruck. —

Ich habe die vorstehenden neun Punkte in die Form von positiven Feststellungen gekleidet und keine Wünsche ausgesprochen, weil jedermann weiß, daß bei einer Reform unseres Eherechtes bei aller Anerkennung der ermittelten Tatsachen, politische und religiöse Vorfragen zu erörtern sein werden, zu denen die Psychiatrie, Psychologie und Jurisprudenz nicht Stellung nehmen kann.

Mir kam es, abgesehen von dem praktischen Zweck, den diese Abhandlung verfolgt, auch mehr darauf an, zu zeigen, wie notwendig eine rechtspsychologische und psychopathologische Betrachtung von Persönlichkeiten und Tatbeständen ist. Gesetzgeber, Richter und Sachverständiger brauchen sie gleichermaßen.

Carl Georgi, Universitäts-Buchdruckerei in Bonn.

FSC
www.fsc.org
MIX
Papier | Fördert gute Waldnutzung
FSC® C083411

Kolibri 360 GmbH
Ferdinand-Jühlke-Straße 7
99095 Erfurt, Deutschland
produktsicherheit@kolibri360.de